U0291659

建筑施工企业安全生产管理人员继续教育培训教材

张连忠　主编

中国建筑工业出版社

图书在版编目（CIP）数据

建筑施工企业安全生产管理人员继续教育培训教材 / 张连忠主编. — 北京 ：中国建筑工业出版社，2023.8
ISBN 978-7-112-28948-6

Ⅰ. ①建… Ⅱ. ①张… Ⅲ. ①建筑施工企业－安全生产－生产管理－继续教育－教材 Ⅳ. ①TU714

中国国家版本馆 CIP 数据核字(2023)第 130856 号

本书主要内容包括绪论、建设工程安全生产法律制度、建筑施工企业安全管理、相关法律法规。

本书适用于建筑施工企业主要负责人、项目负责人和专职安全生产管理人员的继续教育培训，也可供行业从业人员学习使用。

责任编辑：赵云波
责任校对：赵　颖
校对整理：孙　莹

建筑施工企业安全生产管理人员继续教育培训教材
张连忠　主编
*
中国建筑工业出版社出版、发行(北京海淀三里河路 9 号)
各地新华书店、建筑书店经销
北京红光制版公司制版
北京云浩印刷有限责任公司印刷
*
开本：787 毫米×1092 毫米　1/16　印张：10　字数：245 千字
2023 年 9 月第一版　　2023 年 9 月第一次印刷
定价：**32.00** 元
ISBN 978-7-112-28948-6
(41200)

建筑施工企业安全生产管理人员继续教育培训教材
编审委员会

主　　任： 葛文平　吴志城

副 主 任： 熊士泊　马庆林

成　　员： 吴海蓉　汪发红　姜兴才　高海河　贾淑明
许海东　王继平　刘　刚　张　青　高大海
刘成香　杜晓斌

本书编写人员

主　　编： 张连忠

副 主 编： 周莉洁

参编人员： 马喜宁　李向华　张艳霞　张志萱
龚永辉　楚广颖　李晓慧　张献芮

前　言

为认真贯彻“安全第一，预防为主，综合治理”的方针，为贯彻执行《中华人民共和国安全生产法》《建设工程安全生产管理条例》，根据《建筑施工企业主要负责人、项目负责人和专职安全生产管理人员安全生产管理规定》（中华人民共和国住房和城乡建设部第17号令）及《住房和城乡建设部关于印发建筑施工企业主要负责人、项目负责人和专职安全生产管理人员安全生产管理规定实施意见的通知》（建质〔2015〕206号），结合党的二十大报告精神，我们组织编写了《建筑施工企业安全生产管理人员培训考核教材》和《建筑施工企业安全生产管理人员继续教育培训教材》（以下简称教材），以进一步规范建筑施工企业主要负责人、项目负责人和专职安全生产管理人员（简称建筑施工企业安管人员）的安全生产培训考核工作，提高各级安全管理人员及广大从业人员的素质和管理水平，保障建筑施工企业的生产安全。

本教材适用于建筑施工企业主要负责人、项目负责人和专职安全生产管理人员的继续教育培训。

本教材由青海建筑职业技术学院张连忠任主编，负责教材大纲的编写、目录、前言和部分章节的编写，审核与修改及统稿工作，由青海省住房和城乡建设厅周莉洁任副主编，负责市场调研，协助主编进行审稿等工作，由青海建筑职业技术学院马喜宁、李向华、张艳霞、张志萱、张献芮，青海河隍智星智能科技有限公司龚永辉、青海玉万建筑工程有限公司李晓慧和青海鼎海建筑工程有限公司楚广颖进行相应章节内容的编写。

本教材由青海省住房和城乡建设厅、青海建筑职业技术学院组织建筑施工企业、监理咨询公司、智能科技公司等企业、大专院校、行业质量安全监督机构的专家学者参与编写，本教材在编写过程中得到了青海萱安安全技术咨询有限公司、兰州工业学院土木工程学院、山东城市建设职业学院、果洛藏族自治州建设工程质量安全监督站、青海河隍智星智能科技有限公司、青海百鑫工程监理咨询有限公司和青海鼎海建筑工程有限公司等单位的大力支持和热情帮助。

由于编者水平所限，书中不妥和疏漏之处在所难免，真诚希望使用教材的培训机构、授课教师及广大学员能够提出宝贵意见，以进一步修订完善。

2023年6月

目　　录

1 绪论

1.1 建筑施工企业安全生产管理人员继续教育的意义

建筑施工安全是建筑工程管理的核心，是一切建筑工程项目的生命线。工程项目安全管理是关系到人民生命财产安全的重要大事，为贯彻执行《中华人民共和国安全生产法》《建设工程安全生产管理条例》，为认真贯彻“安全第一，预防为主，综合治理”的方针，加强建筑行业安全管理，提高建筑行业安全监管人员、建筑施工企业安全管理人员安全生产管理知识水平，以进一步规范建筑施工企业主要负责人、项目负责人和专职安全生产管理人员（简称建筑施工企业安管人员）的安全生产培训考核工作，进一步提升建筑施企业安管人员安全管理能力及综合业务素质，强化施工现场管理，最大限度地防范和杜绝安全管理事故的发生，从而保护从业人员生命安全，确保建筑业安全发展和可持续发展。

人民至上，生命至上，这是习近平总书记一贯的安全发展理念。安全无小事，责任大于天。安全生产，一头连着人民群众生命财产安全，另一头连着经济发展和社会稳定，忽视安全、违规操作都将付出沉重代价。习近平总书记多次在对安全生产工作发表的重要讲话中作出了重要指示，深刻论述安全生产红线、安全发展战略、安全生产责任制等重大理论和实践问题，对安全生产提出了明确要求。坚持安全第一、预防为主，建立大安全大应急框架，完善公共安全体系，推动公共安全治理模式向事前预防转型。习近平总书记强调，公共安全是社会安定、社会秩序良好的重要体现，是人民安居乐业的重要保障。安全生产必须警钟长鸣、常抓不懈。

党的十九届五中全会提出，要把安全发展贯穿国家发展各领域和全过程，防范和化解影响我国现代化进程的各种风险，筑牢国家安全屏障。在城市快速发展过程中，建筑是广大人民群众工作生活的重要承载空间，其质量好坏直接关乎广大人民群众的生命财产安全，不可小觑。进入新发展阶段，更要全力以赴提升安全生产管理质量，加强建筑施工领域安全风险防控，满足人民群众对美好生活的期待与向往。

安全生产关系人民群众的生命财产安全，关系改革发展和社会稳定大局。“我们要坚持以人民安全为宗旨、以政治安全为根本、以经济安全为基础、以军事科技文化社会安全为保障、以促进国际安全为依托，统筹外部安全和内部安全、国土安全和国民安全、传统安全和非传统安全、自身安全和共同安全，统筹维护和塑造国家安全，夯实国家安全和社会稳定基层基础，完善参与全球安全治理机制，建设更高水平的平安中国，以新安全格局保障新发展格局”。建设工程安全生产不仅直接关系到建筑企业自身的发展和收益，更是直接关系到人民群众包括生命健康在内的根本利益，影响构建社会主义和谐社会的大局。在国际经济交往与合作越加紧密的今天，安全生产还关系到我国在国际社会的声誉和地位。认真贯彻落实党中央、国务院关于安全生产工作的一系列方针、政策，牢固树立科学发展观理念，按照构建社会主义和谐社会的总体要求，全面落实安全生产责任制，加强建设工程安全法规和技术标准体系建设，积极开展专项整治和隐患排查治理活动。着眼于建立安全生产长效机制，强化监管，狠抓落实，从而取得全国建筑施工安全生产形势总体趋向稳定好转，施工作业和生产环境的安全、卫生及文明工地状况得到明显改善的成效。

目前，我国正处于实现中华民族伟大复兴的关键时期，经济已由高速增长阶段转向高质量发展阶段。经济长期向好，市场空间广阔，发展韧性强大，正在形成以国内大循环为主体、国内国际双循环相互促进的新发展格局。我国经济正处在转变发展方式、优化经济结构、转换增长动力的攻关期。近年来，随着我国大规模的基础建设，工程建设行业取得了长足发展，并不断刷新着行业记录，建设了世界屈指可数的大跨度桥梁、摩天大楼、超长隧道等，高铁、机场、复杂商业综合体等一大批基础设施和建筑工程完成得又快又好，给建筑业的安全生产带来了新的挑战。我国每年由于建筑事故伤亡的从业人员超过千人，直接经济损失逾百亿元。因此，提高建筑业的安全生产管理水平、保障从业人员的生命安全意义重大。同时，我国提出到 2035 年，安全生产治理体系和治理能力现代化基本实现，安全生产保障能力显著增强，全民安全文明素质全面提升，人民群众安全感更加充实、更有保障、更可持续。

1.2 我国建筑施工安全生产现状及安全事故主要类型

1.2.1 建筑施工安全生产现状

1. 总体情况

2020 年，全国共发生房屋市政工程生产安全事故 689 起、死亡 794 人，比 2019 年事故起数减少 84 起、死亡人数减少 110 人，分别下降 10.87%和 12.17%。

全国有 30 个省（区、市）和新疆生产建设兵团发生房屋市政工程生产安全事故（暂未统计我国的香港、澳门、台湾），其中 13 个省（区、市）死亡人数同比上升（图 1-1、图 1-2）。

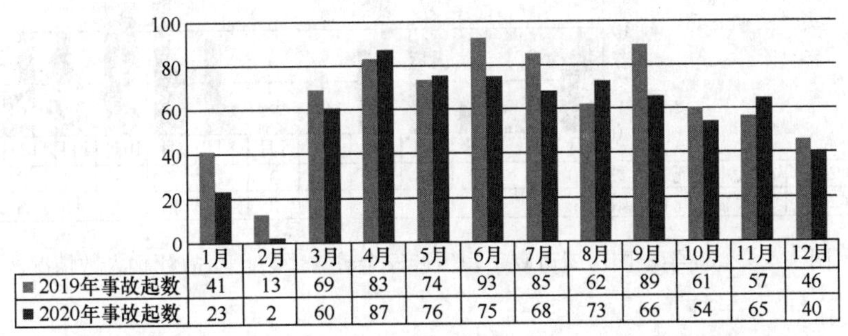

	1月	2月	3月	4月	5月	6月	7月	8月	9月	10月	11月	12月
■2019年事故起数	41	13	69	83	74	93	85	62	89	61	57	46
■2020年事故起数	23	2	60	87	76	75	68	73	66	54	65	40

图 1-1 2020 年全国房屋市政工程生产安全事故起数情况

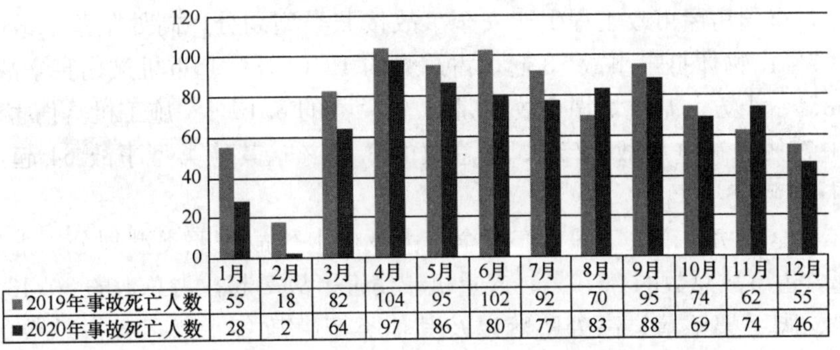

	1月	2月	3月	4月	5月	6月	7月	8月	9月	10月	11月	12月
■2019年事故死亡人数	55	18	82	104	95	102	92	70	95	74	62	55
■2020年事故死亡人数	28	2	64	97	86	80	77	83	88	69	74	46

图 1-2 2020 年全国房屋市政工程生产安全事故死亡人数统计

2. 较大及以上事故情况

2020 年，全国共发生房屋市政工程生产安全较大事故 23 起、死亡 93 人，与 2019 年事故起数持平、死亡人数减少 14 人，死亡人数下降 13.08%；未发生重大及以上事故。

全国有 15 个省（区、市）发生房屋市政工程生产安全较大事故。其中，广东发生较大事故 4 起、死亡 18 人；山东发生较大事故 3 起、死亡 11 人；广西发生较大事故 2 起、死亡 15 人；湖北发生较大事故 2 起、死亡 9 人；陕西发生较大事故 2 起、死亡 8 人；河南、江西各发生较大事故 1 起、死亡 4 人；黑龙江、吉林、浙江、北京、内蒙古、辽宁、山西、贵州各发生较大事故 1 起、死亡 3 人（图 1-3、图 1-4）。

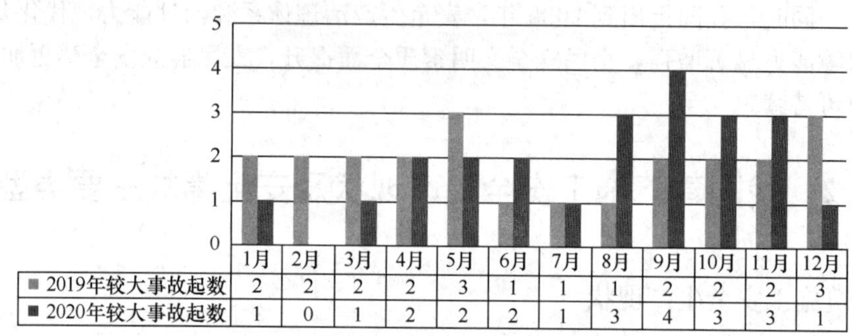

	1月	2月	3月	4月	5月	6月	7月	8月	9月	10月	11月	12月
2019年较大事故起数	2	2	2	2	3	1	1	1	2	2	2	3
2020年较大事故起数	1	0	1	2	2	2	1	3	4	3	3	1

图 1-3　2020 年全国房屋市政工程生产安全较大及以上事故起数情况

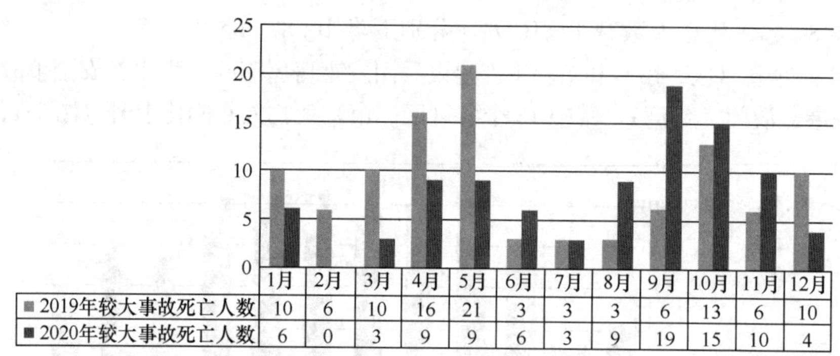

	1月	2月	3月	4月	5月	6月	7月	8月	9月	10月	11月	12月
2019年较大事故死亡人数	10	6	10	16	21	3	3	3	6	13	6	10
2020年较大事故死亡人数	6	0	3	9	9	6	3	9	19	15	10	4

图 1-4　2020 年全国房屋市政工程生产安全较大及以上事故死亡人数情况

1.2.2　安全事故类型情况

2020 年，全国房屋市政工程生产安全事故按照类型划分，高处坠落事故 407 起，占总数的 59.07%；物体打击事故 83 起，占总数的 12.05%；起重机械伤害事故 45 起，占总数的 6.53%；土方、基坑坍塌事故 42 起，占总数的 6.10%；施工机具伤害事故 26 起，占总数的 3.77%；触电事故 22 起，占总数的 3.19%；其他类型事故 64 起，占总数的 9.29%（图 1-5）。

2020 年，全国房屋市政工程生产安全较大及以上事故按照类型划分，土方、基坑坍塌事故 9 起，占事故总数的 8.70%；起重机械伤害事故 7 起，占总数的 30.43%；模板支撑体系坍塌、脚手架坠落、高处坠落以及其他类型事故各 1 起，各占总数的 17.39%、4.35%、13.04%及 26.09%（图 1-6）。

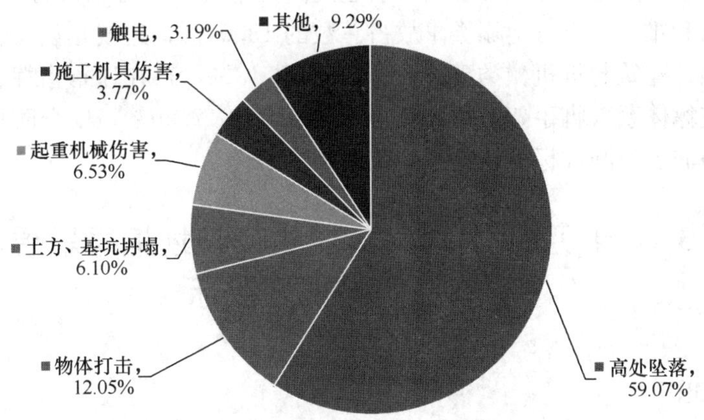

图 1-5 2020 年全国房屋市政工程生产安全事故类型情况

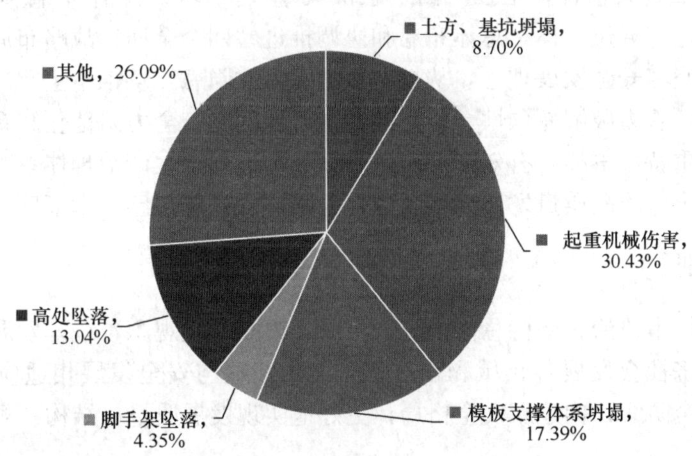

图 1-6 2020 年全国房屋市政工程生产安全较大及以上事故类型情况

1.2.3 形势综述

2020 年全国房屋市政工程生产安全事故起数和死亡人数与 2019 年相比均有所下降，但生产安全形势依然严峻。一是部分地区事故总量较大，如四川（100 起，99 人死亡）、广东（55 起，71 人死亡）、安徽（48 起，49 人死亡）、重庆（43 起，44 人死亡）、江苏（39 起，42 人死亡）。二是部分地区事故起数、死亡人数均同比上升较大，如湖南、云南等地死亡人数同比上升均超过 35.00%。三是群死群伤事故时有发生，例如广西百色“9·10”隧道坍塌较大事故（9 人死亡）和广东汕尾“10·8”模板支撑坍塌事故（8 人死亡），影响较大。四是部分省（区、市）省会城市生产安全事故较为突出。省会城市中武汉、广州、沈阳各发生一起较大事故；银川、乌鲁木齐、贵阳、海口、哈尔滨、武汉等地事故起数和死亡人数均占本省的 50.00%以上；哈尔滨、长沙、兰州、福州、石家庄等地事故起数和死亡人数同比均上升 50.00%以上。

在较大事故方面，以土方和基坑坍塌、起重机械伤害和模板支撑体系（脚手架）坍塌为代表的危险性较大的分部分项工程及其引起的高处坠落事故占总数的82.61%，依然是风险防控的重点和难点；土方坍塌类事故占总数的13.04%，违规建设、管理粗放、监管缺失是重要原因；建筑起重机械类事故占总数的39.13%，存在违章指挥、违章作业等突出问题；模板支撑体系（脚手架）坍塌类事故占总数的17.39%，安全防护措施缺失、关键岗位人员不履职、强制性标准执行不到位问题突出。

1.3 “十四五”国家安全生产规划指导思想、基本原则与规划目标

1.3.1 指导思想

以习近平新时代中国特色社会主义思想为指导，全面贯彻落实党的十九大和十九届历次全会以及党的二十大精神，增强“四个意识”、坚定“四个自信”、做到“两个维护”，紧紧围绕统筹推进“五位一体”总体布局和协调推进“四个全面”战略布局，坚持人民至上、生命至上，坚守安全发展理念，从根本上消除事故隐患，从根本上解决问题，实施安全生产精准治理，着力破解瓶颈性、根源性、本质性问题，全力防范化解系统性重大安全风险，坚决遏制重特大事故，有效降低事故总量，推进安全生产治理体系和治理能力现代化，以高水平安全保障高质量发展，不断增强人民群众的获得感、幸福感、安全感。

1.3.2 基本原则

系统谋划，标本兼治。坚持总体国家安全观，树立系统观念，统筹发展和安全，将安全发展贯穿于经济社会发展各领域和全过程，努力塑造与安全发展相适应的生产生活方式，筑牢本质安全防线，构建新安全格局，更好地实现发展质量、结构、规模、速度、效益、安全相统一。

源头防控，精准施治。坚持目标导向、问题导向和结果导向，科学把握安全风险演化规律，坚持底线思维，在补短板、堵漏洞、强弱项上精准发力，加快实施和推进一批重大政策和重大工程，从源头上防范化解风险，做到风险管控精准、预警发布精准、抢险救援精准、监管执法精准。

深化改革，强化法治。坚持运用法治思维和法治方式提高安全生产法治化、规范化水平，深化安全生产体制机制改革，加快形成系统完整、责权清晰、监管高效的安全生产治理制度体系；深入推进科学立法、严格执法、公正司法、全民守法，依靠法治筑牢安全生产屏障。

广泛参与，社会共治。坚持群众观点和群众路线，充分发挥社会力量的作用，动员全社会积极参与安全生产工作，积极推进安全风险网格化管理，进一步压实企业安全生产主体责任，构建企业负责、职工参与、政府监管、行业自律、社会监督的安全生产治理格局。

1.3.3 规划目标

到2025年，防范化解重大安全风险体制机制不断健全，重大安全风险防控能力大幅

提升，安全生产形势趋稳向好，生产安全事故总量持续下降，危险化学品、矿山、消防、交通运输、建筑施工等重点领域重特大事故得到有效遏制，经济社会发展安全保障更加有力，人民群众安全感明显增强。到 2035 年，安全生产治理体系和治理能力现代化基本实现，安全生产保障能力显著增强，全民安全文明素质全面提升，人民群众安全感更加充实、更有保障、更可持续。

2 建设工程安全生产法律制度

2021 年 6 月修订后公布的《中华人民共和国安全生产法》（以下简称《安全生产法》）规定，安全生产工作坚持中国共产党的领导。安全生产工作应当以人为本，坚持人民至上、生命至上，把保护人民生命安全摆在首位，树牢安全发展理念，坚持安全第一、预防为主、综合治理的方针，从源头上防范化解重大安全风险。

安全生产工作实行管行业必须管安全、管业务必须管安全、管生产经营必须管安全，强化和落实生产经营单位主体责任与政府监管责任，建立生产经营单位负责、职工参与、政府监管、行业自律和社会监督的机制。

2.1 安全生产许可制度

安全生产许可制度内容包括申请领取安全许可证的条件、安全生产许可证的有效期和政府监管的规定，以及违法行为应承担的法律责任。

2.1.1 申请领取安全许可证的条件

《安全生产许可证条例》规定，企业取得安全生产许可证，应当具备 13 项安全生产条件。据此，建设部 2004 年 7 月发布的《建筑施工企业安全生产许可证管理规定》中规定，建筑施工企业取得安全生产许可证，应当具备下列 12 项安全生产条件。建筑施工企业未取得安全生产许可证的，不得从事建筑施工活动：（1）建立、健全安全生产责任制，制定完备的安全生产规章制度和操作规程；（2）保证本单位安全生产条件所需资金的投入；（3）设置安全生产管理机构，按照国家有关规定配备专职安全生产管理人员；（4）主要负责人、项目负责人、专职安全生产管理人员经建设主管部门或者其他有关部门考核合格；（5）特种作业人员经有关业务主管部门考核合格，取得特种作业操作资格证书；（6）管理人员和作业人员每年至少进行 1 次安全生产教育培训并考核合格；（7）依法参加工伤保险，依法为施工现场从事危险作业的人员办理意外伤害保险，为从业人员缴纳保险费；（8）施工现场的办公区、生活区及作业场所和安全防护用具、机械设备、施工机具及配件符合有关安全生产法律、法规、标准和规程的要求；（9）有职业危害防治措施，并为作业人员配备符合国家标准或者行业标准的安全防护用具和安全防护服装；（10）有对危险性较大的分部分项工程及施工现场易发生重大事故的部位、环节的预防、监控措施和应急预案；（11）有生产安全事故应急救援预案、应急救援组织或者应急救援人员，配备必要的应急救援器材、设备；（12）法律、法规规定的其他条件。

2.1.2 安全生产许可证的有效期和政府监管的规定

安全生产许可证的有效期和政府监管的规定包括安全生产许可证的申请、安全生产许可证的有效期和政府监管。

1. 安全生产许可证的申请

建筑施工企业从事建筑施工活动前，应当依照《建筑施工企业安全生产许可证管理》向企业注册所在地省、自治区、直辖市人民政府建设主管部门申请领取安全生产许可证。建筑施工企业申请安全生产许可证时，应当向建设主管部门提供下列材料：（1）建筑施工企业安全生产许可证申请表；（2）企业法人营业执照；（3）与申请安全生产许可证应当具备的安全生产条件相关的文件、材料。

建筑施工企业申请安全生产许可证，应当对申请材料实质内容的真实性负责，不得隐瞒有关情况或者提供虚假材料。

2. 安全生产许可证的有效期

按照《安全生产许可证条例》的规定：安全生产许可证的有效期为3年。安全生产许可证有效期满需要延期的，企业应当于期满前3个月向原安全生产许可证颁发管理机关办理延期手续。企业在安全生产许可证有效期内，严格遵守有关安全生产的法律法规，未发生死亡事故的，安全生产许可证有效期届满时，经原安全生产许可证颁发管理机关同意，不再审查，安全生产许可证有效期延期3年。

建筑施工企业变更名称、地址、法定代表人等，应当在变更后10日内，到原安全生产许可证颁发管理机关办理安全生产许可证变更手续。建筑施工企业破产、倒闭、撤销的，应当将安全生产许可证交回原安全生产许可证颁发管理机关予以注销。建筑施工企业遗失安全生产许可证，应当立即向原安全生产许可证颁发管理机关报告，并在公众媒体上声明作废后，方可申请补办。

3. 政府监管

建设主管部门在审核发放施工许可证时，应当对已经确定的建筑施工企业是否有安全生产许可证进行审查，对没有取得安全生产许可证的，不得颁发施工许可证。企业不得转让、冒用安全生产许可证或者使用伪造的安全生产许可证。企业取得安全生产许可证后，不得降低安全生产条件，并应当加强日常安全生产管理，接受安全生产许可证颁发管理机关的监督检查。安全生产许可证颁发管理机关发现企业不再具备安全生产条件的，应当暂扣或者吊销安全生产许可证。

安全生产许可证颁发管理机关或者其上级行政机关发现有下列情形之一的，可以撤销已经颁发的安全生产许可证：（1）安全生产许可证颁发管理机关工作人员滥用职权、玩忽职守颁发安全生产许可证的；（2）超越法定职权颁发安全生产许可证的；（3）违反法定程序颁发安全生产许可证的；（4）对不具备安全生产条件的建筑施工企业颁发安全生产许可证的；（5）依法可以撤销已经颁发的安全生产许可证的其他情形。

2.1.3 违法行为应承担的法律责任

违法行为应承担的法律责任包括未取得安全生产许可证擅自进行生产的法律责任、安全生产许可证有效期满未办理延期手续，继续进行生产的法律责任、转让安全生产许可证、以不正当手段取得安全生产许可证应承担的法律责任和暂扣安全生产许可证并限期整改的规定。

1. 未取得安全生产许可证擅自进行生产的法律责任

《安全生产许可证条例》规定，违反本条例规定，未取得安全生产许可证擅自进行生产的，责令停止生产，没收违法所得，并处10万元以上50万元以下的罚款；造成重大事故或者其他严重后果，构成犯罪的，依法追究刑事责任。

2. 安全生产许可证有效期满未办理延期手续，继续进行生产的法律责任

《安全生产许可证条例》规定，违反本条例规定，安全生产许可证有效期满未办理延期手续，继续进行生产的，责令停止生产，限期补办延期手续，没收违法所得，并处5万元以上10万元以下的罚款；逾期仍不办理延期手续，继续进行生产的，依照未取得安全生产许可证擅自进行生产的规定处罚。

3. 转让安全生产许可证

《安全生产许可证条例》规定，违反本条例规定，转让安全生产许可证的，没收违法所得，处10万元以上50万元以下的罚款，并吊销其安全生产许可证；构成犯罪的，依法追究刑事责任；接受转让与冒用安全生产许可证或者使用伪造的安全生产许可证的，依照未取得安全生产许可证擅自进行生产的规定处罚。

4. 以不正当手段取得安全生产许可证应承担的法律责任

《建筑施工企业安全生产许可证管理规定》规定，违反本规定，建筑施工企业隐瞒有关情况或者提供虚假材料申请安全生产许可证的，不予受理或者不予颁发安全生产许可证，并给予警告，1年内不得申请安全生产许可证。

建筑施工企业以欺骗、贿赂等不正当手段取得安全生产许可证的，撤销安全生产许可证，3年内不得再次申请安全生产许可证；构成犯罪的，依法追究刑事责任。

5. 暂扣安全生产许可证并限期整改的规定

取得安全生产许可证的建筑施工企业，发生重大安全事故的，暂扣安全生产许可证并限期整改。建筑施工企业不再具备安全生产条件的，暂扣安全生产许可证并限期整改；情节严重的，吊销安全生产许可证。

2.2 安全生产责任和安全生产教育培训制度

安全生产责任和安全生产教育培训制度包括施工企业的安全生产责任、施工总承包和分包单位的安全生产责任、建筑施工企业安全生产教育培训的规定、施工项目负责人的安全生产责任与施工从业人员安全生产的权利和义务以及违法行为应承担的法律责任。

2.2.1 施工企业的安全生产责任

施工企业的安全生产责任包括安全生产管理方针、施工企业的安全生产责任制度和施工企业其他安全生产责任。

1. 安全生产管理方针

《安全生产法》规定，安全生产工作应当以人为本，坚持人民至上、生命至上，把保护人民生命安全摆在首位，树牢安全发展理念，坚持“安全第一、预防为主、综合治理”的方针，从源头上防范化解重大安全风险。

2. 施工企业的安全生产责任制度

（1）施工企业主要负责人的职责

《安全生产法》规定，生产经营单位的主要负责人是本单位安全生产第一责任人，对本单位的安全生产工作全面负责。生产经营单位的主要负责人对本单位安全生产工作负有下列职责：1）建立健全并落实本单位全员安全生产责任制，加强安全生产标准化建设；2）组织制定并实施本单位安全生产规章制度和操作规程；3）组织制定并实施本单位安全生产教育和培训计划；4）保证本单位安全生产投入的有效实施；5）组织建立并落实安全风险分级管控和隐患排查治理双重预防工作机制，督促、检查本单位的安全生产工作，及时消除生产安全事故隐患；6）组织制定并实施本单位的生产安全事故应急救援预案；7）及时、如实报告生产安全事故。

《中华人民共和国建筑法》（以下简称《建筑法》）规定，建筑施工企业的法定代表人对本企业的安全生产负责。

《建设工程安全生产管理条例》规定，施工单位主要负责人依法对本单位的安全生产工作全面负责。

（2）施工企业安全生产管理机构和专职安全生产管理人员的职责

《安全生产法》规定，矿山、金属冶炼、建筑施工、运输单位和危险物品的生产、经营、储存、装卸单位，应当设置安全生产管理机构或者配备专职安全生产管理人员。

生产经营单位的安全生产管理机构以及安全生产管理人员履行下列职责：1）组织或者参与拟订本单位安全生产规章制度、操作规程和生产安全事故应急救援预案；2）组织或者参与本单位安全生产教育和培训，如实记录安全生产教育和培训情况；3）组织开展危险源辨识和评估，督促落实本单位重大危险源的安全管理措施；4）组织或者参与本单位应急救援演练；5）检查本单位的安全生产状况，及时排查生产安全事故隐患，提出改进安全生产管理的建议；6）制止和纠正违章指挥、强令冒险作业、违反操作规程的行为；7）督促落实本单位安全生产整改措施。

生产经营单位的安全生产管理机构以及安全生产管理人员应当恪尽职守，依法履行职责。

（3）安全生产管理人员的施工现场检查职责

《安全生产法》规定，生产经营单位的安全生产管理人员应当根据本单位的生产经营特点，对安全生产状况进行经常性检查；对检查中发现的安全问题，应当立即处理；不能处理的，应当及时报告本单位有关负责人，有关负责人应当及时处理。生产经营单位的安全生产管理人员在检查中发现重大事故隐患，依照前款规定向本单位有关负责人报告，有关负责人不及时处理的，安全生产管理人员可以向主管的负有安全生产监督管理职责的部门报告，接到报告的部门应当依法及时处理。

《建筑施工企业安全生产管理机构及专职安全生产管理人员配备办法》规定，项目专职安全生产管理人员具有以下主要职责：1）负责施工现场安全生产日常检查并做好检查记录；2）现场监督危险性较大工程安全专项施工方案实施情况；3）对作业人员违规违章行为有权予以纠正或查处；4）对施工现场存在的安全隐患有权责令立即整改；5）对于发现的重大安全隐患，有权向企业安全生产管理机构报告；6）依法报告生产安全事故情况。

3. 施工企业其他安全生产责任

（1）施工企业负责人施工现场带班制度

企业主要负责人和领导班子成员要轮流现场带班。施工企业负责人要定期带班检查，每月检查时间不少于其工作日的25%。

（2）重大事故隐患治理督办制度

《安全生产法》规定，生产经营单位应当建立健全并落实生产安全事故隐患排查治理制度，采取技术、管理措施，及时发现并消除事故隐患。事故隐患排查治理情况应当如实记录，并通过职工大会或者职工代表大会、信息公示栏等方式向从业人员通报。

(3) 建立健全群防群治制度

《建筑法》规定，建筑工程安全生产管理必须坚持“安全第一、预防为主”的方针，建立健全安全生产的责任制度和群防群治制度。

2.2.2 施工总承包和分包单位的安全生产责任

《建筑法》规定，施工现场安全由建筑施工企业负责。实行施工总承包的，由总承包单位负责。分包单位向总承包单位负责，服从总承包单位对施工现场的安全生产管理。

《安全生产法》规定，两个以上生产经营单位在同一作业区域内进行生产经营活动，可能危及对方生产安全的，应当签订安全生产管理协议，明确各自的安全生产管理职责和应当采取的安全措施，并指定专职安全生产管理人员进行安全检查与协调。

1. 总承包单位应当承担的法定安全生产责任

建设工程实行施工总承包的，由总承包单位对施工现场的安全生产负总责。总承包单位应当自行完成建设工程主体结构的施工。总承包单位依法将建设工程分包给其他单位的，分包合同中应当明确各自的安全生产方面的权利、义务。总承包单位和分包单位对分包工程的安全生产承担连带责任。

2. 分包单位应当承担的法定安全生产责任

分包单位应当服从总承包单位的安全生产管理，分包单位不服从管理导致生产安全事故的，由分包单位承担主要责任。

2.2.3 建筑施工企业安全生产教育培训的规定

建筑施工企业安全生产教育培训的规定包括建筑施工企业“安管人员”的安全考核、特种作业人员的培训考核、施工单位全员的安全生产教育培训、进入新岗位或者新施工现场前的安全生产教育培训和采用新技术、新工艺、新设备、新材料前的安全生产教育培训。

1. 建筑施工企业“安管人员”的安全考核

《安全生产法》规定，生产经营单位的主要负责人和安全生产管理人员必须具备与本单位所从事的生产经营活动相应的安全生产知识和管理能力。建筑施工等生产经营单位的主要负责人和安全生产管理人员，应当由主管的负有安全生产监督管理职责的部门对其安全生产知识和管理能力考核合格。考核不得收费。

《建设工程安全生产管理条例》规定，施工单位的主要负责人、项目负责人、专职安全生产管理人员应当经建设行政主管部门或者其他有关部门考核合格后方可任职。

《建筑施工企业主要负责人、项目负责人和专职安全管理人员安全生产管理规定》规定，申请参加安全生产考核的“安管人员”，应当具备相应文化程度、专业技术职称和一定安全生产工作经历，与企业确立劳动关系，并经企业年度安全生产教育培训合格。安全生产考核包括安全生产知识考核和管理能力考核。安全生产考核合格证书有效期为3年，证书在全国范围内有效。安全生产考核合格证书有效期届满需要延续的，“安管人员”应当在有效期届满前3个月内，由本人通过受聘企业向原考核机关申请证书延续。准予证书延续的，证书有效期延续3年。

《建筑施工企业主要负责人、项目负责人和专职安全生产管理人员安全生产管理规定实施意见》规定，专职安全生产管理人员分为机械（C1）、土建（C2）、综合（C3）三类。机械类专职安全生产管理人员（C1）可以从事起重机械、土石方机械、桩工机械等安全生产管理工作。土建类专职安全生产管理人员（C2）可以从事除起重机械、土石方机械、桩工机械等安全生产管理工作以外的安全生产管理工作。综合类专职安全生产管理人员（C3）可以从事全部安全生产管理工作。

2. 特种作业人员的培训考核

《建设工程安全生产管理条例》规定，垂直运输机械作业人员、安装拆卸工，爆破作业人员、起重信号工、登高架设作业人员等特种作业人员，必须按照国家有关规定经过专门的安全作业培训，并取得特种作业操作资格证书后，方可上岗作业。住房和城乡建设部2008年4月发布的《建筑施工特种作业人员管理规定》进一步规定，建筑施工特种作业包括：（1）建筑电工；（2）建筑架子工；（3）建筑起重信号司索工；（4）建筑起重机械司机；（5）建筑起重机械安装拆卸工；（6）高处作业吊篮安装拆卸工；（7）经省级以上人民政府建设主管部门认定的其他特种作业。

3. 施工单位全员的安全生产教育培训

《安全生产法》规定，生产经营单位应当对从业人员进行安全生产教育和培训，保证从业人员具备必要的安全生产知识，熟悉有关的安全生产规章制度和安全操作规程，掌握本岗位的安全操作技能，了解事故应急处理措施，知悉自身在安全生产方面的权利和义务。未经安全生产教育和培训合格的从业人员，不得上岗作业。

《建设工程安全生产管理条例》规定，施工单位应当对管理人员和作业人员每年至少进行一次安全生产教育培训，其教育培训情况记入个人工作档案。安全生产教育培训考核不合格的人员，不得上岗。

4. 进入新岗位或者新施工现场前的安全生产教育培训

《建设工程安全生产管理条例》规定，作业人员进入新的岗位或者新的施工现场前，应当接受安全生产教育培训。未经教育培训或者教育培训考核不合格的人员，不得上岗作业。《国务院安委会关于进一步加强安全培训工作的决定》中指出，严格落实企业职工先培训后上岗制度。建筑企业要对新职工进行至少32学时的安全培训，每年进行至少20学时的再培训。

强化现场安全培训。高危企业要严格班前安全培训制度，有针对性地讲述岗位安全生产与应急救援知识、安全隐患和注意事项等，使班前安全培训成为安全生产第一道防线。

5. 采用新技术、新工艺、新设备、新材料前的安全生产教育培训

《安全生产法》规定，生产经营单位采用新工艺、新技术、新材料或者使用新设备，必须了解、掌握其安全技术特性，采取有效的安全防护措施，并对从业人员进行专门的安全生产教育和培训。

《建设工程安全生产管理条例》规定，施工单位在采用新技术、新工艺、新设备、新材料时，应当对作业人员进行相应的安全生产教育培训。

随着我国工程建设和科学技术的迅速发展，越来越多的新技术、新工艺、新设备、新材料被广泛应用于施工生产活动中，大大促进了施工生产效率和工程质量的提高，同时也对施工作业人员的素质提出了更高要求。因此，施工单位在采用新技术、新工艺、新设备、新材料时，必须对施工作业人员进行专门的安全生产教育培训，并采取保证安全的防护措施，防止发生事故。

2.2.4 施工项目负责人的安全生产责任与施工从业人员安全生产的权利和义务

1. 施工项目负责人的安全生产责任

《建设工程安全生产管理条例》规定，施工单位的项目负责人应当由取得相应执业资格的人员担任，对建设工程项目的安全施工负责，落实安全生产责任制度、安全生产规章制度和操作规程，确保安全生产费用的有效使用，并根据工程的特点组织制定安全施工措施，消除安全事故隐患，及时、如实报告生产安全事故。

（1）施工项目负责人的安全生产责任

《建筑施工企业主要负责人、项目负责人和专职安全生产管理人员安全生产管理规定》中规定，项目负责人对本项目安全生产管理全面负责，应当建立项目安全生产管理体系，明确项目管理人员安全职责，落实安全生产管理制度，确保项目安全生产费用有效使用。项目负责人应当按规定实施项目安全生产管理，监控危险性较大分部分项工程，及时排查处理施工现场安全事故隐患，隐患排查处理情况应当记入项目安全管理档案；发生事故时，应当按规定及时报告并开展现场救援。工程项目实行总承包的，总承包企业项目负责人应当定期考核分包企业安全生产管理情况。

（2）施工单位项目负责人施工现场带班制度

《建筑施工企业负责人及项目负责人施工现场带班暂行办法》规定，项目负责人是工程项目质量安全管理的第一责任人，应对工程项目落实带班制度负责。项目负责人每月带班生产时间不得少于本月施工时间的80%。因其他事务需离开施工现场时，应向工程项目的建设单位请假，经批准后方可离开。离开期间应委托项目相关负责人负责其外出时的日常工作。

2. 施工作业人员安全生产的权利和义务

《安全生产法》规定，生产经营单位的从业人员有依法获得安全生产保障的权利，并应当依法履行安全生产方面的义务。生产经营单位与从业人员订立的劳动合同，应当载明有关保障从业人员劳动安全、防止职业危害的事项，以及依法为从业人员办理工伤保险的事项。生产经营单位不得以任何形式与从业人员订立协议，免除或者减轻其对从业人员因生产安全事故伤亡依法应承担的责任。

（1）施工从业人员依法享有的安全生产保障权利

根据《建筑法》《安全生产法》《建设工程安全生产管理条例》等法律、行政法规的规定，施工从业人员主要享有如下的安全生产权利：1）施工安全生产的知情权和建议权；2）施工安全防护用品的获得权；3）批评、检举、控告权及拒绝违章指挥权；4）紧急避险权；5）获得工伤保险和意外伤害保险赔偿的权利；6）请求民事赔偿权；7）依照工会维权和被派遣劳动者的权利。

（2）施工作业人员应当履行的安全义务

《建筑法》《安全生产法》《建设工程安全生产管理条例》等法律、行政法规的规定，施工作业人员主要应当履行如下安全生产义务：1）守法遵章和正确使用安全防护用具等的义务；2）接受安全生产教育培训的义务；3）施工安全事故隐患报告的义务。

2.2.5 违法行为应承担的法律责任

违法行为应承担的法律责任包括施工企业违法行为应承担的法律责任和施工管理人员违法行为应承担的法律责任。

1. 施工企业违法行为应承担的法律责任

《建筑法》规定，建筑施工企业违反本法规定，对建筑安全事故隐患不采取措施予以消除的，责令改正，可以处以罚款；情节严重的，责令停业整顿，降低资质等级或者吊销资质证书；构成犯罪的，依法追究刑事责任。

《安全生产法》规定，生产经营单位有下列行为之一的，责令限期改正，处十万元以下的罚款；逾期未改正的，责令停产停业整顿，并处十万元以上二十万元以下的罚款，对其直接负责的主管人员和其他直接责任人员处二万元以上五万元以下的罚款：(1) 未按照规定设置安全生产管理机构或者配备安全生产管理人员、注册安全工程师的；(2) 危险物品的生产、经营、储存、装卸单位以及矿山、金属冶炼、建筑施工、运输单位的主要负责人和安全生产管理人员未按照规定经考核合格的；(3) 未按照规定对从业人员、被派遣劳动者、实习学生进行安全生产教育和培训，或者未按照规定如实告知有关的安全生产事项的；(4) 未如实记录安全生产教育和培训情况的；(5) 未将事故隐患排查治理情况如实记录或者未向从业人员通报的；(6) 未按照规定制定生产安全事故应急救援预案或者未定期组织演练的；(7) 特种作业人员未按照规定经专门的安全作业培训并取得相应资格，上岗作业的。

两个以上生产经营单位在同一作业区域内进行可能危及对方安全生产的生产经营活动，未签订安全生产管理协议或者未指定专职安全生产管理人员进行安全检查与协调的，责令限期改正，处五万元以下的罚款，对其直接负责的主管人员和其他直接责任人员处一万元以下的罚款；逾期未改正的，责令停产停业。

《建设工程安全生产管理条例》规定，违反本条例的规定，施工单位有下列行为之一的，责令限期改正；逾期未改正的，责令停业整顿，依照《中华人民共和国安全生产法》的有关规定处以罚款；造成重大安全事故，构成犯罪的，对直接责任人员，依照刑法有关规定追究刑事责任：(1) 未设立安全生产管理机构、配备专职安全生产管理人员或者分部分项工程施工时无专职安全生产管理人员现场监督的；(2) 施工单位的主要负责人、项目负责人、专职安全生产管理人员、作业人员或者特种作业人员，未经安全教育培训或者经考核不合格即从事相关工作的；(3) 未在施工现场的危险部位设置明显的安全警示标志，或者未按照国家有关规定在施工现场设置消防通道、消防水源、配备消防设施和灭火器材的；(4) 未向作业人员提供安全防护用具和安全防护服装的；(5) 未按照规定在施工起重机械和整体提升脚手架、模板等自升式架设设施验收合格后登记的；(6) 使用国家明令淘汰、禁止使用的危及施工安全的工艺、设备、材料的。

施工单位挪用列入建设工程概算的安全生产作业环境及安全施工措施所需费用的，责令限期改正，处挪用费用20%以上50%以下的罚款；造成损失的，依法承担赔偿责任。

《中华人民共和国刑法》规定，建设单位、设计单位、施工单位、工程监理单位违反国家规定，降低工程质量标准，造成重大安全事故的，对直接责任人员，处五年以下有期徒刑或者拘役，并处罚金；后果特别严重的，处五年以上十年以下有期徒刑，并处罚金。

2. 施工管理人员违法行为应承担的法律责任

《建筑法》规定，建筑施工企业的管理人员违章指挥、强令职工冒险作业，因而发生重大伤亡事故或者造成其他严重后果的，依法追究刑事责任。

《安全生产法》规定，生产经营单位的主要负责人未履行本法规定的安全生产管理职责的，责令限期改正，处二万元以上五万元以下的罚款；逾期未改正的，处五万元以上十万元以下的罚款，责令生产经营单位停产停业整顿。

生产经营单位的主要负责人有前款违法行为，导致发生生产安全事故的，给予撤职处分；构成犯罪的，依照刑法有关规定追究刑事责任。

生产经营单位的主要负责人依照前款规定受刑事处罚或者撤职处分的，自刑罚执行完毕或者受处分之日起，五年内不得担任任何生产经营单位的主要负责人；对重大、特别重大生产安全事故负有责任的，终身不得担任本行业生产经营单位的主要负责人。

生产经营单位的主要负责人未履行本法规定的安全生产管理职责，导致发生生产安全事故的，由应急管理部门依照下列规定处以罚款：(1) 发生一般事故的，处上一年年收入40%的罚款；(2) 发生较大事故的，处上一年年收入60%的罚款；(3) 发生重大事故的，处上一年年收入80%的罚款；(4) 发生特别重大事故的，处上一年年收入100%的罚款。

《建设工程安全生产管理条例》规定，违反本条例的规定，施工单位的主要负责人、项目负责人未履行安全生产管理职责的，责令限期改正；逾期未改正的，责令施工单位停业整顿；造成重大安全事故、重大伤亡事故或者其他严重后果，构成犯罪的，依照刑法有关规定追究刑事责任。

施工单位的主要负责人、项目负责人有前款违法行为，尚不够刑事处罚的，处二万元以上二十万元以下的罚款或者按照管理权限给予撤职处分；自刑罚执行完毕或者受处分之日起，五年内不得担任任何施工单位的主要负责人、项目负责人。

3. 施工作业人员违法行为应承担的法律责任

《安全生产法》规定，生产经营单位的从业人员不落实岗位安全责任，不服从管理，违反安全生产规章制度或者操作规程的，由生产经营单位给予批评教育，依照有关规章制度给予处分；构成犯罪的，依照刑法有关规定追究刑事责任。

《建设工程安全生产管理条例》规定，作业人员不服管理、违反规章制度和操作规程冒险作业造成重大伤亡事故或者其他严重后果，构成犯罪的，依照刑法有关规定追究刑事责任。

2.3 施工现场安全防护制度

施工现场安全防护制度包括安全技术措施、专项施工方案和安全交底的规定、施工现场安全防范措施和安全费用的规定、施工现场消防安全职责和消防安全措施、工伤保险和意外伤害保险的规定和违法行为应承担的法律责任。

2.3.1 安全技术措施、专项施工方案和安全交底的规定

安全技术措施、专项施工方案和安全交底的规定包括编制安全技术措施、临时用电方案和安全专项施工方案及安全施工技术交底。

1. 编制安全技术措施、临时用电方案和安全专项施工方案

施工单位应当在施工组织设计中编制安全技术措施和施工现场临时用电方案，对下列达到一定规模的危险性较大的分部分项工程编制专项施工方案，并附具安全验算结果，经施工单位技术负责人、总监理工程师签字后实施，由专职安全生产管理人员进行现场监督：(1) 基坑支护与降水工程；(2) 土方开挖工程；(3) 模板工程；(4) 起重吊装工程；(5) 脚手架工程；(6) 拆除、爆破工程；(7) 国务院建设行政主管部门或者其他有关部门规定的其他危险性较大的分部分项工程。

对以上工程中涉及深基坑、地下暗挖工程、高大模板工程的专项施工方案，施工单位还应当组织专家进行论证、审查。对以上规定的达到一定规模的危险性较大工程的标准，由国务院建设行政主管部门会同国务院其他有关部门制定。

危险性较大的分部分项工程（以下简称“危大工程”），是指房屋建筑和市政基础设施工程在施工过程中，容易导致人员群死群伤或者造成重大经济损失的分部分项工程。危大工程及超过一定规模的危大工程范围由国务院住房城乡建设主管部门制定。省级住房城乡建设主管部门可以结合本地区实际情况，补充本地区危大工程范围。

(1) 危大工程安全专项施工方案的编制

住房和城乡建设部颁布的《危险性较大的分部分项工程安全管理规定》规定，施工单位应当在危大工程施工前组织工程技术人员编制专项施工方案。实行施工总承包的，专项施工方案应当由施工总承包单位组织编制。危大工程实行分包的，专项施工方案可以由相关专业分包单位组织编制。

专项施工方案应当由施工单位技术负责人审核签字、加盖单位公章，并由总监理工程师审查签字、加盖执业印章后方可实施。危大工程实行分包并由分包单位编制专项施工方案的，专项施工方案应当由总承包单位技术负责人及分包单位技术负责人共同审核签字并加盖单位公章。

对于超过一定规模的危大工程，施工单位应当组织召开专家论证会对专项施工方案进行论证。实行施工总承包的，由施工总承包单位组织召开专家论证会。专家论证前专项施工方案应当通过施工单位审核和总监理工程师审查。

专家应当从地方人民政府住房城乡建设主管部门建立的专家库中选取，符合专业要求且人数不得少于 5 名。与本工程有利害关系的人员不得以专家身份参加专家论证会。

专家论证会后，应当形成论证报告，对专项施工方案提出通过、修改后通过或者不通过的一致意见。专家对论证报告负责并签字确认。

专项施工方案经论证需修改后通过的，施工单位应当根据论证报告修改完善后，由施工单位技术负责人审核签字、加盖单位公章，并由总监理工程师审查签字、加盖执业印章后方可实施。

专项施工方案经论证不通过的，施工单位修改后应当按照本规定的要求重新组织专家论证。

(2) 危大工程安全管理的前期保障

建设单位应当依法提供真实、准确、完整的工程地质、水文地质和工程周边环境等资料。建设单位应当组织勘察、设计等单位在施工招标文件中列出危大工程清单，要求施工单位在投标时补充完善危大工程清单并明确相应的安全管理措施。建设单位应当按照施工合同约定及时支付危大工程施工技术措施费以及相应的安全防护文明施工措施费，保障危大工程施工安全。

勘察单位应当根据工程实际及工程周边环境资料，在勘察文件中说明地质条件可能造成的工程风险。设计单位应当在设计文件中注明涉及危大工程的重点部位和环节，提出保障工程周边环境安全和工程施工安全的意见，必要时进行专项设计。

（3）危大工程安全专项施工方案的实施

施工单位应当在施工现场显著位置公告危大工程名称、施工时间和具体责任人员，并在危险区域设置安全警示标志。施工单位应当严格按照专项施工方案组织施工，不得擅自修改专项施工方案。因规划调整、设计变更等原因确需调整的，修改后的专项施工方案应当按照规定重新审核和论证。涉及资金或者工期调整的，建设单位应当按照约定予以调整。

施工单位应当对危大工程施工作业人员进行登记，项目负责人应当在施工现场履职。项目专职安全生产管理人员应当对专项施工方案实施情况进行现场监督，对未按照专项施工方案施工的，应当要求立即整改，并及时报告项目负责人，项目负责人应当及时组织限期整改。施工单位应当按照规定对危大工程进行施工监测和安全巡视，发现危及人身安全的紧急情况，应当立即组织作业人员撤离危险区域。

监理单位应当结合危大工程专项施工方案编制监理实施细则，并对危大工程施工实施专项巡视检查。监理单位发现施工单位未按照专项施工方案施工的，应当要求其进行整改；情节严重的，应当要求其暂停施工，并及时报告建设单位。施工单位拒不整改或者不停止施工的，监理单位应当及时报告建设单位和工程所在地住房城乡建设主管部门。

对于按照规定需要进行第三方监测的危大工程，建设单位应当委托具有相应勘察资质的单位进行监测。监测单位应当编制监测方案。监测方案由监测单位技术负责人审核签字并加盖单位公章，报送监理单位后方可实施。监测单位应当按照监测方案开展监测，及时向建设单位报送监测成果，并对监测成果负责；发现异常时，及时向建设、设计、施工、监理单位报告，建设单位应当立即组织相关单位采取处置措施。

对于按照规定需要验收的危大工程，施工单位、监理单位应当组织相关人员进行验收。验收合格的，经施工单位项目技术负责人及总监理工程师签字确认后，方可进入下一道工序。危大工程验收合格后，施工单位应当在施工现场明显位置设置验收标识牌，公示验收时间及责任人员。

危大工程发生险情或者事故时，施工单位应当立即采取应急处置措施，并报告工程所在地住房城乡建设主管部门。建设、勘察、设计、监理等单位应当配合施工单位开展应急抢险工作。危大工程应急抢险结束后，建设单位应当组织勘察、设计、施工、监理等单位制定工程恢复方案，并对应急抢险工作进行后评估。

施工、监理单位应当建立危大工程安全管理档案。施工单位应当将专项施工方案及审核、专家论证、交底、现场检查、验收及整改等相关资料纳入档案管理。监理单位应当将监理实施细则、专项施工方案审查、专项巡视检查、验收及整改等相关资料纳入档案管理。

2. 安全施工技术交底

《建设工程安全生产管理条例》规定，建设工程施工前，施工单位负责项目管理的技术人员应当对有关安全施工的技术要求向施工作业班组、作业人员作出详细说明，并由双方签字确认。

《危险性较大的分部分项工程安全管理规定》规定，专项施工方案实施前，编制人员或者项目技术负责人应当向施工现场管理人员进行方案交底。施工现场管理人员应当向作业人员进行安全技术交底，并由双方和项目专职安全生产管理人员共同签字确认。

安全技术交底，通常有施工工种安全技术交底、分部分项工程施工安全技术交底、大型特殊工程单项安全技术交底、设备安装工程技术交底以及采用新工艺、新技术、新材料施工的安全技术交底等。

2.3.2 施工现场安全防范措施的规定

《建筑法》规定，建筑施工企业应当在施工现场采取维护安全、防范危险、预防火灾等措施；有条件的，应当对施工现场实行封闭管理。

施工现场对毗邻的建筑物、构筑物和特殊作业环境可能造成损害的，建筑施工企业应当采取安全防护措施。

1. 危险部位设置安全警示标志

《建设工程安全生产管理条例》规定，施工单位应当在施工现场入口处、施工起重机械、临时用电设施、脚手架、出入通道口、楼梯口、电梯井口、孔洞口、桥梁口、隧道口、基坑边沿、爆破物及有害危险气体和液体存放处等危险部位，设置明显的安全警示标志。安全警示标志必须符合国家标准。

2. 不同施工阶段和暂停施工应采取的安全施工措施

《建设工程安全生产管理条例》规定，施工单位应当根据不同施工阶段和周围环境及季节、气候的变化，在施工现场采取相应的安全施工措施。施工现场暂时停止施工的，施工单位应当做好现场防护，所需费用由责任方承担，或者按照合同约定执行。

3. 施工现场临时设施的安全卫生要求

《建设工程安全生产管理条例》规定，施工单位应当将施工现场的办公区、生活区与作业区分开设置，并保持安全距离；办公区、生活区的选址应当符合安全性要求。职工的膳食、饮水、休息场所等应当符合卫生标准。施工单位不得在尚未竣工的建筑物内设置员工集体宿舍。施工现场临时搭建的建筑物应当符合安全使用要求。施工现场使用的装配式活动房屋应当具有产品合格证。

4. 对施工现场周边的安全防护措施

《建设工程安全生产管理条例》规定，施工单位对因建设工程施工可能造成损害的毗邻建筑物、构筑物和地下管线等，应当采取专项防护措施。在城市市区内的建设工程，施工单位应当对施工现场实行封闭围挡。

5. 危险作业的施工现场安全管理

《安全生产法》规定，生产经营单位进行爆破、吊装等危险作业，应当安排专门人员进行现场安全管理，确保操作规程的遵守和安全措施的落实。

6. 安全防护设备、机械设备等的安全管理

《建设工程安全生产管理条例》规定，施工单位采购、租赁的安全防护用具、机械设备、施工机具及配件，应当具有生产（制造）许可证、产品合格证，并在进入施工现场前进行查验。施工现场的安全防护用具、机械设备、施工机具及配件必须由专人管理，定期进行检查、维修和保养，建立相应的资料档案，并按照国家有关规定及时报废。

7. 施工起重机械设备等的安全使用管理

《建设工程安全生产管理条例》规定，施工单位在使用施工起重机械和整体提升脚手架、模板等自升式架设设施前，应当组织有关单位进行验收，也可以委托具有相应资质的检验检测机构进行验收；使用承租的机械设备和施工机具及配件的，由施工总承包单位、分包单位、出租单位和安装单位共同进行验收。验收合格的方可使用。

2.3.3 施工现场消防安全职责和消防安全措施

施工现场的火灾时有发生，甚至出现过特大恶性火灾事故。因此，施工单位必须建立健全消防安全责任制，加强消防安全教育培训，严格消防安全管理，确保施工现场消防安全。

1. 施工单位消防安全责任人和消防安全职责

（1）机关、团体、企业事业单位法定代表人是本单位消防安全第一责任人。

（2）对建筑消防设施每年至少进行一次全面检测，确保完好有效，检测记录应当完整准确，存档备查。

2. 施工现场的消防安全要求

（1）公共建筑在营业、使用期间不得进行外保温材料施工作业，居住建筑进行节能改造作业期间应撤离居住人员，严格分离用火用焊作业与保温施工作业，严禁在施工建筑内安排人员住宿。新建、改建、扩建工程的外保温材料一律不得使用易燃材料，严格限制使用可燃材料。

（2）施工单位应当在施工组织设计中编制消防安全技术措施和专项施工方案，并由专职安全管理人员进行现场监督。

（3）禁止在具有火灾、爆炸危险的场所使用明火；需要进行明火作业的，动火部门和人员应当按照用火管理制度办理审批手续。

（4）电焊、气焊、电工等特殊工种人员必须持证上岗。

3. 施工单位消防安全自我评估和防火检查

国家、省级等重点工程的施工现场应当进行每日防火巡查，其他施工现场根据需要组织防火巡查。

4. 建设工程消防施工的质量和安全责任

（1）按照国家工程建设消防技术标准和经消防设计审核合格或者备案的消防设计文件组织施工，不得擅自改变消防设计进行施工，降低消防施工质量。

（2）查验消防产品和具有防火性能要求的建筑构件、建筑材料及装修材料的质量，使用合格产品，保证消防施工质量。

（3）建立施工现场消防安全责任制度，确定消防安全负责人。加强对施工人员的消防教育培训，落实动火、用电、易燃可燃材料等消防管理制度和操作规程。保证在建工程竣工验收前消防通道、消防水源、消防设施和器材、消防安全标志等完好有效。

5. 施工单位的消防安全教育培训和消防演练

施工单位应当建立施工现场消防组织，制定灭火和应急疏散预案，并至少每半年组织一次演练。

2.3.4 工伤保险和意外伤害保险的规定

《建筑法》规定，建筑施工企业应当依法为职工参加工伤保险缴纳工伤保险费。鼓励企业为从事危险作业的职工办理意外伤害保险，支付保险费。

据此，工伤保险是强制性保险。意外伤害保险则属于法定的鼓励性保险，其适用范围是施工现场从事危险作业的特殊职工群体，即在施工现场从事高处作业、深基坑作业、爆破作业等危险性较大的施工人员，尽管这部分人员可能已参加了工伤保险，但法律鼓励建筑施工企业再为其办理意外伤害保险，使他们能够比其他职工依法获得更多的权益保障。

1. 工伤保险的规定

2010年12月经修订后颁布的《工伤保险条例》规定，中华人民共和国境内的企业、事业单位、社会团体、民办非企业单位、基金会、律师事务所、会计师事务所等组织和有雇工的个体工商户（以下称“用人单位”）应当依照本条例规定参加工伤保险，为本单位全部职工或者雇工（以下称“职工”）缴纳工伤保险费。

中华人民共和国境内的企业、事业单位、社会团体、民办非企业单位、基金会、律师事务所、会计师事务所等组织的职工和个体工商户的雇工，均有依照本条例的规定享受工伤保险待遇的权利。

（1）工伤保险基金

工伤保险基金由用人单位缴纳的工伤保险费、工伤保险基金的利息和依法纳入工伤保险基金的其他资金构成。工伤保险费根据以支定收、收支平衡的原则，确定费率。国家根据不同行业的工伤风险程度确定行业的差别费率，并根据工伤保险费使用、工伤发生率等情况在每个行业内确定若干费率档次。

用人单位应当按时缴纳工伤保险费。职工个人不缴纳工伤保险费。用人单位缴纳工伤保险费的数额为本单位职工工资总额乘以单位缴费费率之积。跨地区、生产流动性较大的行业，可以采取相对集中的方式异地参加统筹地区的工伤保险。

工伤保险基金存入社会保障基金财政专户，用于本条例规定的工伤保险待遇，劳动能力鉴定，工伤预防的宣传、培训等费用，以及法律、法规规定的用于工伤保险的其他费用的支付。任何单位或者个人不得将工伤保险基金用于投资运营、兴建或者改建办公场所、发放奖金，或者挪作其他用途。

（2）工伤认定

职工有下列情形之一的，应当认定为工伤：1）在工作时间和工作场所内，因工作原因受到事故伤害的；2）工作时间前后在工作场所内，从事与工作有关的预备性或者收尾性工作受到事故伤害的；3）在工作时间和工作场所内，因履行工作职责受到暴力等意外伤害的；4）患职业病的；5）因工外出期间，由于工作原因受到伤害或者发生事故下落不明的；6）在上下班途中，受到非本人主要责任的交通事故或者城市轨道交通、客运轮渡、火车事故伤害的；7）法律、行政法规规定应当认定为工伤的其他情形。

职工有下列情形之一的，视同工伤：1）在工作时间和工作岗位，突发疾病死亡或者在48小时之内经抢救无效死亡的；2）在抢险救灾等维护国家利益、公共利益活动中受到伤害的；3）职工原在军队服役，因战、因公负伤致残，已取得革命伤残军人证，到用人单位后旧伤复发的。职工有以上第1）项、第2）项情形的，按照《工伤保险条例》的有关规定享受工伤保险待遇；职工有以上第3）项情形的，按照《工伤保险条例》的有关规定享受除一次性伤残补助金以外的工伤保险待遇。

职工符合以上的规定，但是有下列情形之一的，不得认定为工伤或者视同工伤：1）故意犯罪的；2）醉酒或者吸毒的；3）自残或者自杀的。

职工发生事故伤害或者按照职业病防治法规定被诊断、鉴定为职业病，所在单位应当自事故伤害发生之日或者被诊断、鉴定为职业病之日起30日内，向统筹地区社会保险行政部门提出工伤认定申请。遇有特殊情况，经报社会保险行政部门同意，申请时限可以适当延长。用人单位未按以上规定提出工伤认定申请的，工伤职工或者其近亲属、工会组织在事故伤害发生之日或者被诊断、鉴定为职业病之日起1年内，可以直接向用人单位所在地统筹地区社会保险行政部门提出工伤认定申请。按照以上规定应当由省级社会保险行政部门进行工伤认定的事项，根据属地原则由用人单位所在地的设区的市级社会保险行政部门办理。用人单位未在以上规定的时限内提交工伤认定申请，在此期间发生符合《工伤保险条例》规定的工伤待遇等有关费用由该用人单位负担。

提出工伤认定申请应当提交下列材料：1）工伤认定申请表；2）与用人单位存在劳动关系（包括事实劳动关系）的证明材料；3）医疗诊断证明或者职业病诊断证明书（或者职业病诊断鉴定书）。工伤认定申请表应当包括事故发生的时间、地点、原因以及职工伤害程度等基本情况。工伤认定申请人提供材料不完整的，社会保险行政部门应当一次性书面告知工伤认定申请人需要补正的全部材料。申请人按照书面告知要求补正材料后，社会保险行政部门应当受理。

社会保险行政部门受理工伤认定申请后，根据审核需要可以对事故伤害进行调查核实，用人单位、职工、工会组织、医疗机构以及有关部门应当予以协助。职业病诊断和诊断争议的鉴定，依照职业病防治法的有关规定执行。对依法取得职业病诊断证明书或者职业病诊断鉴定书的，社会保险行政部门不再进行调查核实。职工或者其近亲属认为是工伤，用人单位不认为是工伤的，由用人单位承担举证责任。

社会保险行政部门应当自受理工伤认定申请之日起60日内作出工伤认定的决定，并书面通知申请工伤认定的职工或者其近亲属和该职工所在单位。社会保险行政部门对受理的事实清楚、权利义务明确的工伤认定申请，应当在15日内作出工伤认定的决定。作出工伤认定决定需要以司法机关或者有关行政主管部门的结论为依据的，在司法机关或者有关行政主管部门尚未作出结论期间，作出工伤认定决定的时限中止。社会保险行政部门工作人员与工伤认定申请人有利害关系的，应当回避。

（3）劳动能力鉴定

职工发生工伤，经治疗伤情相对稳定后存在残疾、影响劳动能力的，应当进行劳动能力鉴定。劳动能力鉴定是指劳动功能障碍程度和生活自理障碍程度的等级鉴定。劳动功能障碍分为10个伤残等级，最重的为1级，最轻的为10级。生活自理障碍分为3个等级：生活完全不能自理、生活大部分不能自理和生活部分不能自理。

劳动能力鉴定由用人单位、工伤职工或者其近亲属向设区的市级劳动能力鉴定委员会提出申请，并提供工伤认定决定和职工工伤医疗的有关资料。

省、自治区、直辖市劳动能力鉴定委员会和设区的市级劳动能力鉴定委员会分别由省、自治区、直辖市和设区的市级社会保险行政部门、卫生行政部门、工会组织、经办机构代表以及用人单位代表组成。劳动能力鉴定委员会建立医疗卫生专家库。列入专家库的医疗卫生专业技术人员应当具备下列条件：1）具有医疗卫生高级专业技术职务任职资格；2）掌握劳动能力鉴定的相关知识；3）具有良好的职业品德。

设区的市级劳动能力鉴定委员会收到劳动能力鉴定申请后，应当从其建立的医疗卫生专家库中随机抽取 3 名或者 5 名相关专家组成专家组，由专家组提出鉴定意见。设区的市级劳动能力鉴定委员会根据专家组的鉴定意见作出工伤职工劳动能力鉴定结论；必要时，可以委托具备资格的医疗机构协助进行有关的诊断。设区的市级劳动能力鉴定委员会应当自收到劳动能力鉴定申请之日起 60 日内作出劳动能力鉴定结论，必要时，作出劳动能力鉴定结论的期限可以延长 30 日。劳动能力鉴定结论应当及时送达申请鉴定的单位和个人。

申请鉴定的单位或者个人对设区的市级劳动能力鉴定委员会作出的鉴定结论不服的，可以在收到该鉴定结论之日起 15 日内向省、自治区、直辖市劳动能力鉴定委员会提出再次鉴定申请。省、自治区、直辖市劳动能力鉴定委员会作出的劳动能力鉴定结论为最终结论。自劳动能力鉴定结论作出之日起 1 年后，工伤职工或者其近亲属、所在单位或者经办机构认为伤残情况发生变化的，可以申请劳动能力复查鉴定。

2. 建筑意外伤害保险规定

根据《建筑法》第四十八条规定，建筑职工意外伤害保险是法定的强制性保险，也是保护建筑业从业人员合法权益，转移企业事故风险，增强企业预防和控制事故能力，促进企业安全生产的重要手段。中华人民共和国建设部于 2003 年 5 月 23 日公布了《建设部关于加强建筑意外伤害保险工作的指导意见》（建质〔2003〕107 号），从九个方面对加强和规范建筑意外伤害保险工作提出了较详尽的规定，明确了建筑施工企业应当为施工现场从事施工作业和管理的人员，在施工活动过程中发生的人身意外伤亡事故提供保障，办理建筑意外伤害保险、支付保险费，范围应当覆盖工程项目。同时，还对保险期限、金额、保费、投保方式、索赔、安全服务及行业自保等都提出了指导性意见，其内容如下：

（1）建筑意外伤害保险的范围

建筑施工企业应当为施工现场从事施工作业和管理的人员，在施工活动过程中发生的人身意外伤亡事故提供保障，办理建筑意外伤害保险、支付保险费。范围应当覆盖工程项目。已在企业所在地参加工伤保险的人员，从事现场施工时仍可参加建筑意外伤害保险。

各地建设行政主管部门可根据本地区实际情况，规定建筑意外伤害保险的附加险要求。

（2）建筑意外伤害保险的保险期限

保险期限应涵盖工程项目开工之日到工程竣工验收合格日。提前竣工的，保险责任自行终止。因延长工期的，应当办理保险顺延手续。

（3）建筑意外伤害保险的保险金额

各地建设行政主管部门结合本地区实际情况，确定合理的最低保险金额。最低保险金额要能够保障施工伤亡人员得到有效的经济补偿。施工企业办理建筑意外伤害保险时，投保的保险金额不得低于此标准。

（4）建筑意外伤害保险的保险费

保险费应当列入建筑安装工程费用。保险费应当由施工企业支付，施工企业不得向职工摊派。

施工企业和保险公司双方应本着平等协商的原则，根据各类风险因素商定建筑意外伤害保险费率，提倡差别费率和浮动费率。差别费率可与工程规模、类型、工程项目风险程度和施工现场环境等因素挂钩。浮动费率可与施工企业安全生产业绩、安全生产管理状况等因素挂钩。对重视安全生产管理、安全业绩好的企业可采用下浮费率；对安全生产业绩差、安全管理不善的企业可采用上浮费率。通过浮动费率机制，激励投保企业安全生产的积极性。

（5）建筑意外伤害保险的投保

施工企业应在工程项目开工前，办理完投保手续。鉴于工程建设项目施工工艺流程中各工种调动频繁、用工流动性大，投保应实行不记名和不计人数的方式。工程项目中有分包单位的由总承包施工企业统一办理，分包单位合理承担投保费用。业主直接发包的工程项目由承包企业直接办理。

行政主管部门要强化监督管理，把在建工程项目开工前是否投保建筑意外伤害保险情况作为企业安全生产条件的重要内容之一；未投保的工程项目，不予发放施工许可证。

投保人办理投保手续后，应将投保有关信息以布告形式张贴于施工现场，告之被保险人。

（6）关于建筑意外伤害保险的索赔

建筑意外伤害保险应规范和简化索赔程序，搞好索赔服务。行政主管部门要积极创造条件，引导投保企业在发生意外事故后即向保险公司提出索赔，使施工伤亡人员能够得到及时、足额的赔付。行政主管部门应设置专门电话接受举报，凡被保险人发生意外伤害事故，企业和工程项目负责人隐瞒不报、不索赔的，要严肃查处。

（7）关于建筑意外伤害保险的安全服务

施工企业应当选择能提供建筑安全生产风险管理、事故防范等安全服务和有保险能力的保险公司，以保证事故后能及时补偿与事故前能主动防范。目前还不能提供安全风险管理和事故预防的保险公司，应通过建筑安全服务中介组织向施工企业提供与建筑意外伤害保险相关的安全服务。建筑安全服务中介组织必须拥有一定数量、专业配套、具备建筑安全知识和管理经验的专业技术人员。

2.3.5 违法行为应承担的法律责任

施工现场安全防护违法行为应承担的主要法律责任包括施工现场安全防护违法行为应承担的法律责任、施工单位安全费用违法行为应承担的法律责任、特种设备安全违法行为应承担的法律责任、施工现场消防安全违法行为应承担的法律责任、施工现场食品安全违法行为应承担的法律责任和工伤保险违法行为应承担的法律责任。

1. 施工现场安全防护违法行为应承担的法律责任

《建筑法》规定，建筑施工企业违法本法规定，对建筑安全事故隐患不采取措施予以消除的，责令改正，可以处以罚款；情节严重的责令停业整顿，降低资质等级或者吊销资质证书；构成犯罪的，依法追究刑事责任。

《建设工程安全生产管理条例》规定，施工单位有下列行为之一的，责令限期改正；逾期未改正的，责令停业整顿，并处 5 万元以上 10 万元以下的罚款；造成重大安全事故，构成犯罪的，对直接责任人员，依照刑法有关规定追究刑事责任：(1) 施工前未对有关安全施工的技术要求作出详细说明的；(2) 未根据不同施工阶段和周围环境及季节、气候的变化，在施工现场采取相应的安全施工措施，或者在城市市区内的建设工程的施工现场未实行封闭围挡的；(3) 在尚未竣工的建筑物内设置员工集体宿舍的；(4) 施工现场临时搭建的建筑物不符合安全使用要求的；(5) 未对因建设工程施工可能造成损害的毗邻建筑物、构筑物和地下管线等采取专项防护措施的。施工单位有以上规定第 (4) 项、第 (5) 项行为，造成损失的，依法承担赔偿责任。

施工单位有下列行为之一的，责令限期改正；逾期未改正的，责令停业整顿，并处10万元以上30万元以下的罚款；情节严重的，降低资质等级，直至吊销资质证书；造成重大安全事故，构成犯罪的，对直接责任人员，依照刑法有关规定追究刑事责任；造成损失的，依法承担赔偿责任：(1) 安全防护用具、机械设备、施工机具及配件在进入施工现场前未经查验或者查验不合格即投入使用的；(2) 使用未经验收或者验收不合格的施工起重机械和整体提升脚手架、模板等自升式架设设施的；(3) 委托不具有相应资质的单位承担施工现场安装、拆卸施工起重机械和整体提升脚手架、模板等自升式架设设施的；(4) 在施工组织设计中未编制安全技术措施、施工现场临时用电方案或者专项施工方案的。

《安全生产法》规定，生产经营单位有下列行为之一的，责令限期改正；逾期未改正的，责令停止建设或者停产停业整顿，可以并处5万元以下的罚款；造成严重后果，构成犯罪的，依照刑法有关规定追究刑事责任：…… (4) 未在有较大危险因素的生产经营场所和有关设施、设备上设置明显的安全警示标志的；(5) 安全设备的安装、使用、检测、改造和报废不符合国家标准或者行业标准的；(6) 未对安全设备进行经常性维护、保养和定期检测的；(7) 未为从业人员提供符合国家标准或者行业标准的劳动防护用品的；(8) 特种设备以及危险物品的容器、运输工具未经取得专业资质的机构检测、检验合格，取得安全使用证或者安全标志，投入使用的；(9) 使用国家明令淘汰、禁止使用的危及生产安全的工艺、设备的。

《危险化学品安全管理条例》规定，有下列情形之一的，由安全生产监督管理部门责令改正，可以处5万元以下的罚款；拒不改正的，处5万元以上10万元以下的罚款；情节严重的，责令停产停业整顿：…… (2) 进行可能危及危险化学品管道安全的施工作业，施工单位未按照规定书面通知管道所属单位，或者未与管道所属单位共同制定应急预案、采取相应的安全防护措施，或者管道所属单位未指派专门人员到现场进行管道安全保护指导的……

2. 施工单位安全费用违法行为应承担的法律责任

《企业安全生产费用提取和使用管理办法》规定，企业未按本办法提取和使用安全费用的，安全生产监督管理部门、煤矿安全监察机构和行业主管部门会同财政部门责令其限期改正，并依照相关法律法规进行处理、处罚。建设工程施工总承包单位未向分包单位支付必要的安全费用以及总承包单位挪用安全费用的，由建设、交通运输、铁路、水利、安全生产监督管理、煤矿安全监察等主管部门依照相关法规、规章进行处理、处罚。

《建筑工程安全防护、文明施工措施费用及使用管理规定》规定，建设单位未按本规定支付安全防护、文明施工措施费用的，由县级以上建设行政主管部门依据《建设工程安全生产管理条例》第54条规定，责令限期整改；逾期未改正的，责令该建设工程停止施工。施工单位挪用安全防护、文明施工措施费用的，由县级以上建设主管部门依据《建设工程安全生产管理条例》第63条规定，责令限期整改，处挪用费用20%以上50%以下的罚款；造成损失的，依法承担赔偿责任。

3. 特种设备安全违法行为应承担的法律责任

《特种设备安全法》规定，特种设备安装、改造、修理的施工单位在施工前未书面告知负责特种设备安全监督管理的部门即行施工的，或者在验收后30日内未将相关技术资料和文件移交特种设备使用单位的，责令限期改正；逾期未改正的，处1万元以上10万元以下罚款。

特种设备的制造、安装、改造、重大修理以及锅炉清洗过程，未经监督检验的，责令限期改正；逾期未改正的，处5万元以上20万元以下罚款；有违法所得的，没收违法所得；情节严重的，吊销生产许可证。

特种设备使用单位有下列行为之一的，责令限期改正；逾期未改正的，责令停止使用有关特种设备，处1万元以上10万元以下罚款：（1）使用特种设备未按照规定办理使用登记的；（2）未建立特种设备安全技术档案或者安全技术档案不符合规定要求，或者未依法设置使用登记标志、定期检验标志的；（3）未对其使用的特种设备进行经常性维护保养和定期自行检查，或者未对其使用的特种设备的安全附件、安全保护装置进行定期校验、检修，并作出记录的；（4）未按照安全技术规范的要求及时申报并接受检验的；（5）未按照安全技术规范的要求进行锅炉水（介质）处理的；（6）未制定特种设备事故应急专项预案的。

特种设备使用单位有下列行为之一的，责令停止使用有关特种设备，处3万元以上30万元以下罚款：（1）使用未取得许可生产，未经检验或者检验不合格的特种设备，或者国家明令淘汰、已经报废的特种设备的；（2）特种设备出现故障或者发生异常情况，未对其进行全面检查、消除事故隐患，继续使用的；（3）特种设备存在严重事故隐患，无改造、修理价值，或者达到安全技术规范规定的其他报废条件，未依法履行报废义务，并办理使用登记证书注销手续的。

特种设备生产、经营、使用单位有下列情形之一的，责令限期改正；逾期未改正的，责令停止使用有关特种设备或者停产停业整顿，处1万元以上5万元以下罚款：（1）未配备具有相应资格的特种设备安全管理人员、检测人员和作业人员的；（2）使用未取得相应资格的人员从事特种设备安全管理、检测和作业的；（3）未对特种设备安全管理人员、检测人员和作业人员进行安全教育和技能培训的。

特种设备生产、经营、使用单位或者检验、检测机构拒不接受负责特种设备安全监督管理的部门依法实施的监督检查的，责令限期改正；逾期未改正的，责令停产停业整顿，处2万元以上20万元以下罚款。

特种设备生产、经营、使用单位擅自动用、调换、转移、损毁被查封、扣押的特种设备或者其主要部件的，责令改正，处5万元以上20万元以下罚款；情节严重的，吊销生产许可证，注销特种设备使用登记证书。

4. 施工现场消防安全违法行为应承担的法律责任

《消防法》规定，违反本法规定，有下列行为之一的，责令改正或者停止施工，并处

1 万元以上 10 万元以下罚款：……（3）建筑施工企业不按照消防设计文件和消防技术标准施工，降低消防施工质量的……

单位违反本法规定，有下列行为之一的，责令改正，处 5000 元以上 5 万元以下罚款：（1）消防设施、器材或者消防安全标志的配置、设置不符合国家标准、行业标准，或者未保持完好有效的；（2）损坏、挪用或者擅自拆除、停用消防设施、器材的；（3）占用、堵塞、封闭疏散通道、安全出口或者有其他妨碍安全疏散行为的；（4）埋压、圈占、遮挡消火栓或者占用防火间距的；（5）占用、堵塞、封闭消防车通道，妨碍消防车通行的；（6）人员密集场所在门窗上设置影响逃生和灭火救援的障碍物的；（7）对火灾隐患经公安机关消防机构通知后不及时采取措施消除的。

有下列行为之一，尚不构成犯罪的，处 10 日以上 15 日以下拘留，可以并处 500 元以下罚款；情节较轻的，处警告或者 500 元以下罚款：（1）指使或者强令他人违反消防安全规定，冒险作业的；（2）过失引起火灾的；（3）在火灾发生后阻拦报警，或者负有报告职责的人员不及时报警的；（4）扰乱火灾现场秩序，或者拒不执行火灾现场指挥员指挥，影响灭火救援的；（5）故意破坏或者伪造火灾现场的；（6）擅自拆封或者使用被公安机关消防机构查封的场所、部位的。

当事人逾期不执行停产停业、停止使用、停止施工决定的，由作出决定的公安机关消防机构强制执行。

《国务院关于加强和改进消防工作的意见》规定，各单位因消防安全责任不落实、火灾防控措施不到位，发生人员伤亡火灾事故的，要依法依纪追究有关人员的责任；发生重大火灾事故的，要依法依纪追究单位负责人、实际控制人、上级单位主要负责人和当地政府及有关部门负责人的责任。

《建设工程消防监督管理规定》规定，建设、设计、施工、工程监理单位、消防技术服务机构及其从业人员违反有关消防法规、国家工程建设消防技术标准，造成危害后果的，除依法给予行政处罚或者追究刑事责任外，还应当依法承担民事赔偿责任。

5. 施工现场食品安全违法行为应承担的法律责任

2009 年 2 月发布的《食品安全法》规定，违反本法规定，有下列情形之一的，由有关主管部门按照各自职责分工，责令改正，给予警告；拒不改正的，处 2000 元以上 2 万元以下罚款；情节严重的，责令停产停业，直至吊销许可证：（1）未对采购的食品原料和生产的食品、食品添加剂、食品相关产品进行检验……（4）未按规定要求贮存、销售食品或者清理库存食品；（5）进货时未查验许可证和相关证明文件……（7）安排患有痢疾、伤寒、病毒性肝炎等消化道传染病的人员，以及患有活动性肺结核、化脓性或者渗出性皮肤病等有碍食品安全的疾病的人员从事接触直接入口食品的工作。

6. 工伤保险违法行为应承担的法律责任

《工伤保险条例》规定，用人单位、工伤职工或者其近亲属骗取工伤保险待遇，医疗机构、辅助器具配置机构骗取工伤保险基金支出的，由社会保险行政部门责令退还，处骗取金额 2 倍以上 5 倍以下的罚款；情节严重，构成犯罪的，依法追究刑事责任。

用人单位依照本条例规定应当参加工伤保险而未参加的，由社会保险行政部门责令限期参加，补缴应当缴纳的工伤保险费，并自欠缴之日起，按日加收万分之五的滞纳金；逾期仍不缴纳的，处欠缴数额 1 倍以上 3 倍以下的罚款。依照本条例规定应当参加工伤保险而未参加工伤保险的用人单位职工发生工伤的，由该用人单位按照本条例规定的工伤保险待遇项目和标准支付费用。用人单位参加工伤保险并补缴应当缴纳的工伤保险费、滞纳金后，由工伤保险基金和用人单位依照本条例的规定支付新发生的费用。

用人单位违反本条例规定，拒不协助社会保险行政部门对事故进行调查核实的，由社会保险行政部门责令改正，处2000元以上2万元以下的罚款。

2.4 生产安全事故的应急救援与调查处理

《中共中央 国务院关于推进安全生产领域改革发展的意见》中指出，完善事故调查处理机制。坚持问责与整改并重，充分发挥事故查处对加强和改进安全生产工作的促进作用。

2.4.1 生产安全事故等级与划分标准

《安全生产法》第一百一十八条规定，生产安全一般事故、较大事故、重大事故、特别重大事故的划分标准由国务院规定。

1. 事故等级划分的要素

事故等级的划分包括人身、经济和社会三个要素，可以单独适用。其中，人身要素就是人员伤亡的数量，经济要素就是直接经济损失的数额，社会要素就是社会影响。

2. 事故等级划分

《生产安全事故报告和调查处理条例》第三条规定，根据生产安全事故（以下简称事故）造成的人员伤亡或者直接经济损失，事故一般分为四个等级，见表2-1。

事故等级划分 **表2-1**

事故等级	人员伤亡或者直接经济损失		
	死亡（人）	重伤（人）	直接经济损失
特别重大事故	30人以上	100人以上重伤（包括急性工业中毒，下同）	1亿元以上
重大事故	10人以上30人以下	50人以上100人以下	5000万元以上1亿元以下
较大事故	3人以上10人以下	10人以上50人以下	1000万元以上5000万元以下
一般事故	3人以下	10人以下	1000万元以下

注：1. 国务院安全生产监督管理部门可以会同国务院有关部门，制定事故等级划分的补充性规定。

2. 上述所称的“以上”包括本数，所称的“以下”不包括本数。

2.4.2 生产安全事故应急救援预案的规定

《安全生产法》规定，生产经营单位应当制定本单位生产安全事故应急救援预案，与所在地县级以上地方人民政府组织制定的生产安全事故应急救援预案相衔接，并定期组织演练。

《建设工程安全生产管理条例》规定，施工单位应当制定本单位生产安全事故应急救援预案，建立应急救援组织或者配备应急救援人员，配备必要的应急救援器材、设备，并定期组织演练。

2019 年 4 月起执行的《生产安全事故应急条例》规定，生产经营单位应当加强生产安全事故应急工作，建立、健全生产安全事故应急工作责任制，其主要负责人对本单位的生产安全事故应急工作全面负责。

生产经营单位应当对从业人员进行应急教育和培训，保证从业人员具备必要的应急知识，掌握风险防范技能和事故应急措施。

1. 施工生产安全事故应急救援预案的编制

《安全生产法》规定，生产经营单位对重大危险源应当登记建档，进行定期检测、评估、监控，并制定应急预案，告知从业人员和相关人员在紧急情况下应当采取的应急措施。生产经营单位应当按照国家有关规定将本单位重大危险源及有关安全措施、应急措施报有关地方人民政府应急管理部门和有关部门备案。有关地方人民政府应急管理部门和有关部门应当通过相关信息系统实现信息共享。

《建设工程安全生产管理条例》规定，施工单位应当根据建设工程施工的特点、范围，对施工现场易发生重大事故的部位、环节进行监控，制定施工现场生产安全事故应急救援预案。

实行施工总承包的，由总承包单位统一组织编制建设工程生产安全事故应急救援预案，工程总承包单位和分包单位按照应急救援预案，各自建立应急救援组织或者配备应急救援人员，配备救援器材、设备，并定期组织演练。

实行施工总承包的建设工程，由总承包单位负责上报事故。

《生产安全事故应急条例》规定，生产经营单位应当针对本单位可能发生的生产安全事故的特点和危害，进行风险辨识和评估，制定相应的生产安全事故应急救援预案，并向本单位从业人员公布。生产安全事故应急救援预案应当符合有关法律、法规、规章和标准的规定，具有科学性、针对性和可操作性，明确规定应急组织体系、职责分工以及应急救援程序和措施。

根据 2016 年 7 月公布的《生产安全事故应急预案管理办法》规定，生产经营单位应急预案分为综合应急预案、专项应急预案和现场处置方案。

综合应急预案，是指生产经营单位为应对各种生产安全事故而制定的综合性工作方案，是本单位应对生产安全事故的总体工作程序、措施和应急预案体系的总纲。专项应急预案，是指生产经营单位为应对某一种或者多种类型生产安全事故，或者针对重要生产设施、重大危险源、重大活动防止生产安全事故而制定的专项性工作方案。现场处置方案，是指生产经营单位根据不同生产安全事故类型，针对具体场所、装置或者设施所制定的应急处置措施。应急预案的编制应当遵循以人为本、依法依规、符合实际、注重实效的原则，以应急处置为核心，明确应急职责、规范应急程序、细化保障措施。

2. 施工生产安全事故应急预案的修订和应急演练

《生产安全事故应急条例》规定，生产安全事故应急救援预案应当符合有关法律、法规、规章和标准的规定，具有科学性、针对性和可操作性，明确规定应急组织体系、职责分工以及应急救援程序和措施。有下列情形之一的，生产安全事故应急救援预案制定单位应当及时修订相关预案：(1) 制定预案所依据的法律、法规、规章、标准发生重大变化；(2) 应急指挥机构及其职责发生调整；(3) 安全生产面临的风险发生重大变化；(4) 重要应急资源发生重大变化；(5) 在预案演练或者应急救援中发现需要修订预案的重大问题；(6) 其他应当修订的情形。

生产经营单位，应当至少每半年组织 1 次生产安全事故应急救援预案演练，并将演练情况报送所在地县级以上地方人民政府负有安全生产监督管理职责的部门。县级以上地方人民政府负有安全生产监督管理职责的部门应当对本行政区域内上述规定的重点生产经营单位的生产安全事故应急救援预案演练进行抽查；发现演练不符合要求的，应当责令限期改正。

3. 应急救援队伍的建立与应急值班制度

《生产安全事故应急条例》规定，建筑施工单位应当建立应急救援队伍；其中，小型企业或者微型企业等规模较小的生产经营单位，可以不建立应急救援队伍，但应当指定兼职的应急救援人员，并且可以与临近的应急救援队伍签订应急救援协议。

应急救援队伍的应急救援人员应当具备必要的专业知识、技能、身体素质和心理素质。应急救援队伍建立单位或者兼职应急救援人员所在单位应当按照国家有关规定对应急救援人员进行培训；应急救援人员经培训合格后，方可参加应急救援工作。应急救援队伍应当配备必要的应急救援装备和物资，并定期组织训练。

建筑施工单位，应当根据本单位可能发生的生产安全事故的特点和危害，配备必要的灭火、排水、通风以及危险物品稀释、掩埋、收集等应急救援器材、设备和物资，并进行经常性维护、保养，保证正常运转。

建筑施工单位、应急救援队伍应当建立应急值班制度，配备应急值班人员。

4. 应急救援的组织实施

《生产安全事故应急条例》规定，发生生产安全事故后，生产经营单位应当立即启动生产安全事故应急救援预案，采取下列一项或者多项应急救援措施，并按照国家有关规定报告事故情况：(1) 迅速控制危险源，组织抢救遇险人员；(2) 根据事故危害程度，组织现场人员撤离或者采取可能的应急措施后撤离；(3) 及时通知可能受到事故影响的单位和人员；(4) 采取必要措施，防止事故危害扩大和次生、衍生灾害发生；(5) 根据需要请求邻近的应急救援队伍参加救援，并向参加救援的应急救援队伍提供相关技术资料、信息和处置方法；(6) 维护事故现场秩序，保护事故现场和相关证据；(7) 法律、法规规定的其他应急救援措施。

有关地方人民政府及其部门接到生产安全事故报告后，应当按照国家有关规定上报事故情况，启动相应的生产安全事故应急救援预案，并按照应急救援预案的规定采取一项或者多项应急救援措施。有关地方人民政府不能有效控制生产安全事故的，应当及时向上级人民政府报告。上级人民政府应当及时采取措施，统一指挥应急救援。

应急救援队伍接到有关人民政府及其部门的救援命令或者签有应急救援协议的生产经营单位的救援请求后，应当立即参加生产安全事故应急救援。应急救援队伍根据救援命令参加生产安全事故应急救援所耗费用，由事故责任单位承担；事故责任单位无力承担的，由有关人民政府协调解决。

现场指挥部实行总指挥负责制，按照本级人民政府的授权组织制定并实施生产安全事故现场应急救援方案，协调、指挥有关单位和个人参加现场应急救援。参加生产安全事故现场应急救援的单位和个人应当服从现场指挥部的统一指挥。

有关人民政府及其部门根据生产安全事故应急救援需要依法调用和征用的财产，在使用完毕或者应急救援结束后，应当及时归还。财产被调用、征用或者调用、征用后毁损、灭失的，有关人民政府及其部门应当按照国家有关规定给予补偿。

县级以上地方人民政府应当按照国家有关规定，对在生产安全事故应急救援中伤亡的人员及时给予救治和抚恤；符合烈士评定条件的，按照国家有关规定评定为烈士。

2.4.3 生产安全事故报告及采取措施的规定

《建筑法》规定，施工中发生事故时，建筑施工企业应当采取紧急措施减少人员伤亡和事故损失，并按照国家有关规定及时向有关部门报告。

《建设工程安全生产管理条例》进一步规定，施工单位发生生产安全事故，应当按照国家有关伤亡事故报告和调查处理的规定，及时、如实地向负责安全生产监督管理的部门、建设行政主管部门或者其他有关部门报告；特种设备发生事故的，还应当同时向特种设备安全监督管理部门报告。实行施工总承包的建设工程，由总承包单位负责上报事故。

1. 施工生产安全事故报告的基本要求

《安全生产法》规定，生产经营单位发生生产安全事故后，事故现场有关人员应当立即报告本单位负责人。单位负责人接到事故报告后，应当迅速采取有效措施，组织抢救，防止事故扩大，减少人员伤亡和财产损失，并按照国家有关规定立即如实报告当地负有安全生产监督管理职责的部门，不得隐瞒不报、谎报或者拖延不报，不得故意破坏事故现场、毁灭有关证据。

《特种设备安全法》进一步规定，特种设备发生事故后，事故发生单位应当按照应急预案采取措施，组织抢救，防止事故扩大，减少人员伤亡和财产损失，保护事故现场和有关证据，并及时向事故发生地县级以上人民政府负责特种设备安全监督管理的部门和有关部门报告。与事故相关的单位和人员不得迟报、谎报或者瞒报事故情况，不得隐匿、毁灭有关证据或者故意破坏事故现场。

（1）事故报告的时间要求

《生产安全事故报告和调查处理条例》规定，事故发生后，事故现场有关人员应当立即向本单位负责人报告；单位负责人接到报告后，应当于1小时内向事故发生地县级以上人民政府安全生产监督管理部门和负有安全生产监督管理职责的有关部门报告。情况紧急时，事故现场有关人员可以直接向事故发生地县级以上人民政府安全生产监督管理部门和负有安全生产监督管理职责的有关部门报告。

安全生产监督管理部门和负有安全生产监督管理职责的有关部门接到事故报告后，应当依照下列规定上报事故情况，并通知公安机关、劳动保障行政部门、工会和人民检察院：特别重大事故、重大事故逐级上报至国务院安全生产监督管理部门和负有安全生产监督管理职责的有关部门；较大事故逐级上报至省、自治区、直辖市人民政府安全生产监督管理部门和负有安全生产监督管理职责的有关部门；一般事故上报至设区的市级人民政府安全生产监督管理部门和负有安全生产监督管理职责的有关部门。安全生产监督管理部门和负有安全生产监督管理职责的有关部门依照前款规定上报事故情况，应当同时报告本级人民政府。国务院安全生产监督管理部门和负有安全生产监督管理职责的有关部门以及省级人民政府接到发生特别重大事故、重大事故的报告后，应当立即报告国务院。必要时，安全生产监督管理部门和负有安全生产监督管理职责的有关部门可以越级上报事故情况。

事故报告应当及时、准确、完整。任何单位和个人对事故不得迟报、漏报、谎报或者瞒报。

（2）事故报告的内容要求

《生产安全事故报告和调查处理条例》规定，报告事故应当包括下列内容：1）事故发生单位概况；2）事故发生的时间、地点以及事故现场情况；3）事故的简要经过；4）事故已经造成或者可能造成的伤亡人数（包括下落不明的人数）和初步估计的直接经济损失；5）已经采取的措施；6）其他应当报告的情况。

事故发生单位概况，应当包括单位的全称、所处地理位置、所有制形式和隶属关系、生产经营范围和规模、持有各类证照情况、单位负责人基本情况以及近期生产经营状况等。该部分内容应以全面、简洁为原则。

报告事故发生的时间应当具体；报告事故发生的地点要准确，除事故发生的中心地点外，还应当报告事故所波及的区域；报告事故现场的情况应当全面，包括现场的总体情况、人员伤亡情况和设备设施的毁损情况，以及事故发生前后的现场情况，便于比较分析事故原因。

对于人员伤亡情况的报告，应当遵守实事求是的原则，不作无根据的猜测，更不能隐瞒实际伤亡人数。对直接经济损失的初步估算，主要指事故所导致的建筑物毁损、生产设备设施和仪器仪表损坏等。

已经采取的措施，主要是指事故现场有关人员、事故单位负责人以及已经接到事故报告的安全生产管理部门等，为减少损失、防止事故扩大和便于事故调查所采取的应急救援和现场保护等具体措施。

其他应当报告的情况，则应根据实际情况而定。如较大以上事故，还应当报告事故所造成的社会影响、政府有关领导和部门现场指挥等有关情况。

（3）事故补报的要求

《生产安全事故报告和调查处理条例》规定，事故报告后出现新情况的，应当及时补报。自事故发生之日起30日内，事故造成的伤亡人数发生变化的，应当及时补报。道路交通事故、火灾事故自发生之日起7日内，事故造成的伤亡人数发生变化的，应当及时补报。

2. 发生施工生产安全事故后应采取的相应措施

《建设工程安全生产管理条例》规定，发生生产安全事故后，施工单位应当采取措施防止事故扩大，保护事故现场。需要移动现场物品时，应当做出标记和书面记录，妥善保管有关证物。

（1）组织应急抢救工作

《生产安全事故报告和调查处理条例》规定，事故发生单位负责人接到事故报告后，应当立即启动事故相应应急预案，或者采取有效措施，组织抢救，防止事故扩大，减少人员伤亡和财产损失。

例如，对危险化学品泄漏等可能对周边群众和环境产生危害的事故，施工单位应当在向地方政府及有关部门报告的同时，及时向可能受到影响的单位、职工、群众发出预警信息，标明危险区域，组织、协助应急救援队伍救助受害人员，疏散、撤离、安置受到威胁的人员，并采取必要措施防止发生次生、衍生事故。

(2) 妥善保护事故现场

《生产安全事故报告和调查处理条例》规定，事故发生后，有关单位和人员应当妥善保护事故现场以及相关证据，任何单位和个人不得破坏事故现场、毁灭相关证据。因抢救人员、防止事故扩大以及疏通交通等原因，需要移动事故现场物件的，应当做出标志，绘制现场简图并做出书面记录，妥善保存现场重要痕迹、物证。

事故现场是追溯判断发生事故原因和事故责任人责任的客观物质基础。从事故发生到事故调查组赶赴现场，往往需要一段时间，而在这段时间里，许多外界因素，如对伤员的救护、险情控制、周围群众围观等都会给事故现场造成不同程度的破坏，甚至还有故意破坏事故现场的情况。如果事故现场保护不好，一些与事故有关的证据难以找到，将直接影响事故现场的勘查，不便于查明事故原因，从而影响事故调查处理的进度和质量。

保护事故现场，就是要根据事故现场的具体情况和周围环境，划定保护区范围，布置警戒，必要时将事故现场封锁起来，维持现场的原始状态，既不要减少任何痕迹、物品，也不能增加任何痕迹、物品。即使是保护现场的人员，也不要无故进入，更不能擅自进行勘查，或者随意触摸、移动事故现场的任何物品。任何单位和个人都不得破坏事故现场，毁灭相关证据。

确因特殊情况需要移动事故现场物件的，须同时满足以下条件：1）抢救人员、防止事故扩大以及疏通交通的需要；2）经事故单位负责人或者组织事故调查的安全生产监督管理部门和负有安全生产监督管理职责的有关部门同意；3）做出标志，绘制现场简图，拍摄现场照片，对被移动物件贴上标签，并做出书面记录；4）尽量使现场少受破坏。

3. 施工生产安全事故的调查

《安全生产法》规定，事故调查处理应当按照科学严谨、依法依规、实事求是、注重实效的原则，及时、准确地查清事故原因，查明事故性质和责任，评估应急处置工作，总结事故教训，提出整改措施，并对事故责任单位和人员提出处理建议。事故调查报告应当依法及时向社会公布。事故调查和处理的具体办法由国务院制定。

事故发生单位应当及时全面落实整改措施，负有安全生产监督管理职责的部门应当加强监督检查。

(1) 事故调查的管辖

《生产安全事故报告和调查处理条例》规定，特别重大事故由国务院或者国务院授权有关部门组织事故调查组进行调查。重大事故、较大事故、一般事故分别由事故发生地省级人民政府、设区的市级人民政府、县级人民政府负责调查。省级人民政府、设区的市级人民政府、县级人民政府可以直接组织事故调查组进行调查，也可以授权或者委托有关部门组织事故调查组进行调查。

(2) 事故调查组的组成与职责

事故调查组的组成应当遵循精简、效能的原则。根据事故的具体情况，事故调查组由有关人民政府、安全生产监督管理部门、负有安全生产监督管理职责的有关部门、监察机关、公安机关以及工会派人组成，并应当邀请人民检察院派人参加。事故调查组可以聘请有关专家参与调查。

（3）事故调查组的权利与纪律

事故调查组有权向有关单位和个人了解与事故有关的情况，并要求其提供相关文件、资料，有关单位和个人不得拒绝。事故发生单位的负责人和有关人员在事故调查期间不得擅离职守，并应当随时接受事故调查组的询问，如实提供有关情况。事故调查中发现涉嫌犯罪的，事故调查组应当及时将有关材料或者其复印件移交司法机关处理。

（4）事故调查报告的期限与内容

《生产安全事故报告和调查处理条例》规定，事故调查组应当自事故发生之日起 60 日内提交事故调查报告；特殊情况下，经负责事故调查的人民政府批准，提交事故调查报告的期限可以适当延长，但延长的期限最长不超过 60 日。

事故调查报告应当包括下列内容：1）事故发生单位概况；2）事故发生经过和事故救援情况；3）事故造成的人员伤亡和直接经济损失；4）事故发生的原因和事故性质；5）事故责任的认定以及对事故责任者的处理建议；6）事故防范和整改措施。事故调查报告应当附具有关证据材料。事故调查组成员应当在事故调查报告上签名。

4. 施工生产安全事故的处理

（1）事故处理时限和落实批复

《生产安全事故报告和调查处理条例》第三十二条规定，重大事故、较大事故、一般事故，负责事故调查的人民政府应当自收到事故调查报告之日起 15 日内做出批复；特别重大事故，30 日内做出批复，特殊情况下，批复时间可以适当延长，但延长的时间最长不超过 30 日。有关机关应当按照人民政府的批复，依照法律、行政法规规定的权限和程序，对事故发生单位和有关人员进行行政处罚，对负有事故责任的国家工作人员进行处分。事故发生单位应当按照负责事故调查的人民政府的批复，对本单位负有事故责任的人员进行处理。负有事故责任的人员涉嫌犯罪的，依法追究刑事责任。

（2）事故发生单位的防范和整改措施

《生产安全事故报告和调查处理条例》第三十三条规定，事故发生单位应当认真吸取事故教训，落实防范和整改措施，防止事故再次发生。防范和整改措施的落实情况应当接受工会和职工的监督。安全生产监督管理部门和负有安全生产监督管理职责的有关部门应当对事故发生单位落实防范和整改措施的情况进行监督检查。

（3）事故处理的情况的报告

《生产安全事故报告和调查处理条例》第三十四条规定，事故处理的情况由负责事故调查的人民政府或者其授权的有关部门、机构向社会公布，依法应当保密的除外。

2.4.4 违法行为应承担的法律责任

施工生产安全事故应急管理与调查处理违法行为应承担的主要法律责任包括生产安全事故应急违法行为应承担的法律责任、施工报告及采取相应措施违法行为应承担的法律责任、参与事故调查人员违法行为应承担的法律责任以及事故责任单位及主要负责人应承担的法律责任。

1. 生产安全事故应急违法行为应承担的法律责任

《安全生产法》第九十七条规定，生产经营单位未按照规定制定生产安全事故应急救援预案或者未定期组织演练的，责令限期改正，处十万元以下的罚款；逾期未改正的，责令停产停业整顿，并处十万元以上二十万元以下的罚款，对其直接负责的主管人员和其他直接责任人员处二万元以上五万元以下的罚款。

《生产安全事故应急条例》第三十一条规定，生产经营单位未对应急救援器材、设备和物资进行经常性维护、保养，导致发生严重生产安全事故或者生产安全事故危害扩大，或者在本单位发生生产安全事故后未立即采取相应的应急救援措施，造成严重后果的，由县级以上人民政府负有安全生产监督管理职责的部门依照《中华人民共和国突发事件应对法》有关规定追究法律责任。

生产经营单位未将生产安全事故应急救援预案报送备案、未建立应急值班制度或者配备应急值班人员的，由县级以上人民政府负有安全生产监督管理职责的部门责令限期改正；逾期未改正的，处三万元以上五万元以下的罚款，对直接负责的主管人员和其他直接责任人员处一万元以上二万元以下的罚款。

2. 施工报告及采取相应措施违法行为应承担的法律责任

《安全生产法》第一百一十条规定，生产经营单位的主要负责人在本单位发生生产安全事故时，不立即组织抢救或者在事故调查处理期间擅离职守或者逃匿的，给予降级、撤职的处分，并由应急管理部门处上一年年收入百分之六十至百分之一百的罚款；对逃匿的处十五日以下拘留；构成犯罪的，依照刑法有关规定追究刑事责任。

生产经营单位的主要负责人对生产安全事故隐瞒不报、谎报或者迟报的，依照前款规定处罚。

《生产安全事故报告和调查处理条例》第三十五条规定，事故发生单位主要负责人有下列行为之一的，处上一年年收入40%至80%的罚款；属于国家工作人员的，并依法给予处分；构成犯罪的，依法追究刑事责任：(1) 不立即组织事故抢救的；(2) 迟报或者漏报事故的；(3) 在事故调查处理期间擅离职守的。

第三十六条规定，事故发生单位及其有关人员有下列行为之一的，对事故发生单位处100万元以上500万元以下的罚款；对主要负责人、直接负责的主管人员和其他直接责任人员处上一年年收入60%至100%的罚款；属于国家工作人员的，并依法给予处分；构成违反治安管理行为的，由公安机关依法给予治安管理处罚；构成犯罪的，依法追究刑事责任：(1) 谎报或者瞒报事故的；(2) 伪造或者故意破坏事故现场的；(3) 转移、隐匿资金、财产，或者销毁有关证据、资料的；(4) 拒绝接受调查或者拒绝提供有关情况和资料的；(5) 在事故调查中作伪证或者指使他人作伪证的；(6) 事故发生后逃匿的。

3. 参与事故调查人员违法行为应承担的法律责任

《生产安全事故报告和调查处理条例》第四十一条规定，参与事故调查的人员在事故调查中有下列行为之一的，依法给予处分；构成犯罪的，依法追究刑事责任：(1) 对事故调查工作不负责任，致使事故调查工作有重大疏漏的；(2) 包庇、袒护负有事故责任的人员或者借机打击报复的。

4. 事故责任单位及主要负责人应承担的法律责任

《安全生产法》第一百零六条规定，生产经营单位与从业人员订立协议，免除或者减轻其对从业人员因生产安全事故伤亡依法应承担的责任的，该协议无效；对生产经营单位的主要负责人、个人经营的投资人处2万元以上10万元以下的罚款。

第一百一十四条规定，发生生产安全事故，对负有责任的生产经营单位除要求其依法承担相应的赔偿等责任外，由应急管理部门依照下列规定处以罚款：（1）发生一般事故的，处30万元以上100万元以下的罚款；（2）发生较大事故的，处100万元以上200万元以下的罚款；（3）发生重大事故的，处200万元以上1000万元以下的罚款；（4）发生特别重大事故的，处1000万元以上2000万元以下的罚款。发生生产安全事故，情节特别严重、影响特别恶劣的，应急管理部门可以按照上述罚款数额的2倍以上5倍以下对负有责任的生产经营单位处以罚款。

《生产安全事故报告和调查处理条例》第三十八条规定，事故发生单位主要负责人未依法履行安全生产管理职责，导致事故发生的，依照下列规定处以罚款；属于国家工作人员的，并依法给予处分；构成犯罪的，依法追究刑事责任：（1）发生一般事故的，处上一年年收入30%的罚款；（2）发生较大事故的，处上一年年收入40%的罚款；（3）发生重大事故的，处上一年年收入60%的罚款；（4）发生特别重大事故的，处上一年年收入80%的罚款。

第四十条规定，事故发生单位对事故发生负有责任的，由有关部门依法暂扣或者吊销其有关证照；对事故发生单位负有事故责任的有关人员，依法暂停或者撤销其与安全生产有关的执业资格、岗位证书；事故发生单位主要负责人受到刑事处罚或者撤职处分的，自刑罚执行完毕或者受处分之日起，5年内不得担任任何生产经营单位的主要负责人。

2.4.5 生产安全事故应急救援预案的编制

安全生产事故应急救援预案的编制应按以下内容进行：应急预案的任务和目标、指导思想、组织机构及职责、安全管理措施、施工现场消防安全管理及规定、灭火器材配置和急救器具准备、培训和演练以及预案管理与评审改进。

1. 应急预案的任务和目标

更好地适应法律和经济活动的要求；给员工的工作提供更好更安全的环境；保证各种应急资源处于良好的备战状态；指导应急行动按计划有序地进行；防止因应急行动组织不力或现场救援工作的无序和混乱而延误事故的应急救援；有效地避免或降低人员伤亡和财产损失；帮助实现应急行动的快速、有序、高效；充分体现应急救援的“应急精神”。

2. 指导思想

以“安全第一，预防为主”为指导方针，从维护广大员工的人身安全和公私财产安全，确保安全，实现公司全面、协调、可持续发展，建设“一强三优”项目部的发展战略目标出发，构造“集中领导，统一指挥，反应灵敏，运转高效”的消防安全应急体系，全面提高项目部应对火灾的能力。

3. 组织机构及职责

项目部成立消防安全管理应急指挥部，负责项目部火灾现场指挥，消防安全管理应急指挥部由项目部和监理部成员组成。

(1) 应急组织机构领导小组。

组长：××（公司主管安全领导）

副组长：（施工单位项目部经理）

成员：××× ××× ×××

(2) 社会急救电话：急救电话—120；火警—119；公安—110。

(3) 消防安全管理应急指挥部职责：指挥协调各工作小组和义务消防队开展工作，迅速引导人员疏散，及时控制和扑救初起火灾；协调配合公安消防队开展灭火救援行动。

4. 安全管理措施

(1) 项目部要依据国家的法律、法规、规章以及技术标准进行有效的科学管理，最终达到消除火灾隐患的目的。

(2) 合理共同规划施工现场的消防安全布局，最大限度地减少火灾隐患。一是要针对施工现场平面布置的实际，合理划分各作业区，特别是明火作业区、易燃、可燃材料堆场、危险物品库房等区域，设立明显的标志，将火灾危险性大的区域布置在施工现场常年主导风向的下风侧或侧风向。二是尽量采用难燃性建筑材料，减低施工现场的火灾荷载。三是民工宿舍附近要配置一定数量的消防器材，建筑工地应设置消防水池以及必要的消防通讯、报警装置。

(3) 认真贯彻落实《机关、团体、企业、事业单位消防安全管理规定》（公安部令第61号），实行严格的消防安全管理。

(4) 确定以项目经理为第一负责人对施工现场的消防安全工作全面负责，成立义务消防安全组织，负责日常防火巡查工作和对突发事件的处理，同时指定专人负责停工、复工前后的安全巡视检查，重点巡查有无遗留烟头、电气点火源、明火等火种。

(5) 对员工必须经过消防安全教育，使其熟知基本的消防常识，会报火警、会使用灭火器材、会扑救初期火灾，特别是要加强对电焊、气焊作业人员的消防安全培训，使之持证上岗。

(6) 加强施工现场的用火管理。要严格落实危险场地动用明火审批制度，氧气、乙炔瓶两者不能混放，焊接作业时要派一监护人，配齐必要的消防器材，并在焊接点附近采用非燃材料板遮挡的同时清理干净其周围可燃物，防止焊珠四处喷溅。

(7) 在民工宿舍、员工休息室、危险物品库房等火灾危险处设立醒目的严禁吸烟等消防安全标志，必要时设置吸烟室或指定安全的吸烟地点。

(8) 加强施工现场的用电管理。施工单位确定一名经过消防安全培训合格的电工正确合理地安装及维修电气设备，经常检查电气线路、电气设备的运行情况，重点检查线路接头是否良好、有无保险装置、是否存在短路发热、绝缘损坏等现象。

5. 施工现场消防安全管理及规定

(1) 安全管理

1) 施工现场的消防工作，应遵照国家有关法律、法规开展消防安全工作。

2) 施工现场必须配备消防器材，做到布局合理。要害部位应配备不少于4具的灭火器，要有明显的防火标志，并经常检查、维护、保养，保证灭火器灵敏有效。

3) 项目部应建立消防规章制度和消防组织，施工现场要有明显的防火宣传标志。施工现场的义务消防人员，要定期组织教育培训，并将培训资料存入内业档案中。

4）施工现场必须设置临时消防车道。其宽度不得小于4m，并保证临时消防车道的畅通，禁止在临时消防车道上堆物、堆料或挤占临时消防车道。

5）高度超过24m的建筑工程，应安装临时消防竖管。管径不得小于75mm，每层设消火栓口，配备足够的水龙带。消防供水要保证足够的水源和水压，严禁消防竖管作为施工用水管线。

6）电焊工、气焊工从事电、气焊切割作业，要有操作证和用火证。用火前，要对易燃、可燃物清除，采取隔离等措施，配备看火人员和灭火器具，作业后必须确认无火源隐患后方可离去。用火证当日有效，用火地点变换，要重新办理用火手续。

7）氧气瓶、乙炔瓶工作间距不小于5m，两瓶与明火作业距离不小于10m。建筑工程内禁止氧气瓶、乙炔瓶存放，禁止使用液化石油气“钢瓶”。

8）施工现场使用的电气设备必须符合防火要求。临时用电必须安装过载保护装置，配电箱内不准使用易燃、可燃材料。严禁超负荷使用电气设备。施工现场存放易燃、可燃材料的库房、木工加工场所、油漆配料房及防水作业场所不得使用明露高热强光源灯具。

9）易燃易爆物品，必须有严格的防火措施，指定防火负责人，配备灭火器材，确保施工安全。

10）施工材料的存放、使用应符合防火要求。库房应采用非燃材料支搭，易燃易爆物品应专库储存，分类单独存放，保持通风，用电符合防火规定。不准在工程内、库房内调配油漆、稀料。

11）工程内不准作为仓库使用，不准存放易燃、可燃材料，因施工需要进入工程内的可燃材料，要根据工程进度限量进入并采取可靠的防火措施。废弃材料应及时清除。

12）施工现场使用的安全网、密目式安全网、密目式防尘网、保温材料，必须符合消防安全规定，不得使用易燃、可燃材料。

13）施工现场严禁吸烟。不得在建设工程内设置宿舍。

14）施工现场和生活区，未经批准不得使用电热器具。严禁工程中明火保温施工及宿舍内明火取暖。

15）从事油漆粉刷或防水等危险作业时，要有具体的防火要求，必要时设专人看护。

16）生活区的设置必须符合消防管理规定。严禁使用可燃材料搭设，宿舍内不得卧床吸烟。

17）生活区的用电要符合防火规定。用火要经审批，食堂使用的燃料必须符合使用规定，用火点和燃料不能在同一房间内，使用时要有专人管理，停火时要将总开关关闭，经常检查有无泄漏。

（2）安全规定

1）因施工需要搭设的临时建筑，应符合防火要求，不得使用易燃材料。

2）使用电气设备和化学危险物品，必须符合技术规范和操作规程，严格防火措施，确保施工安全，禁止违章作业。施工作业用火必须经审查批准，领取用火证，方可作业。用火证只在指定地点和限定的时间内有效。

3）施工材料的存放、保管，应符合防火安全要求，易燃材料必须专库储存；化学易燃物品和压缩可燃气体容器等，应按其性质设置专用库房分类存放，其库房的耐火等级和防火要求应符合公安部制定的《仓库防火安全管理规则》；使用后的废弃物料应及时清除。

建设工程内不准作为仓库使用，不准积存易燃、可燃材料。

4）安装电器设备、进行电气切割作业等，必须由合格的焊工、电工等专业技术人员操作。

5）冬期施工使用电热器，须有工程技术部门提供的安全使用技术资料，并经施工现场防火负责人同意。重要工程和高层建筑冬期施工用的保温材料，不得采用可燃材料。

6）施工中使用化学易燃物品时应限额领料。禁止交叉作业；禁止在作业场所分装、调料，禁止在工程内使用液化石油气钢瓶、乙炔发生器作业。

7）非经施工现场消防负责人批准，任何人不得在施工现场内住宿。

8）设置消防车道，配备相应的消防器材和安排足够的消防水源。

9）消防泵房应用非燃材料建造，并设在安全位置。施工现场的消防器材和设施不得埋压、圈占或挪作他用。冬期施工须对消防设备采取防冻保温措施。

6. 灭火器材配置和急救器具准备

（1）救护物资种类、数量：救护物资有灭火器、黄沙、石灰、麻袋、撬、铁锹等数量充足。

（2）救灾装备器材的种类：仓库内备有安全帽、安全带、切割机、气焊设备、小型电动工具、一般五金工具、雨衣、雨靴、手电筒等。统一存放在仓库，仓库保管员 24 小时值班。

（3）消防器材：干粉灭火器。国标消火栓，分布各楼层。设置现场疏散指示标志和应急照明灯。消火栓应标明地点。

（4）急救物品：配备急救药箱、口罩、担架及各类外伤救护用品。

（5）其他必备的物资供应渠道：保持社会上物资供应渠道（电话联系），随时确保供应。

（6）急救车辆：项目部自备小车或报 120 急救车救助。

（7）急救箱使用注意事项：1）有专人保管，但不要上锁。2）定期更换超过消毒期的敷料和过期药品，定期对急救器材进行保养。3）放置在合适的位置，让现场人员都知道。

7. 培训和演练

（1）消防知识培训：项目部定时组织员工培训有关消防安全、救助知识，有条件的邀请有关专家前来讲解，通过知识培训，做到迅速、及时地处理好火灾事故现场，把损失减少到最低限度。

（2）器材使用和维护技术培训：对各类器材的使用，组织员工培训、演练，教会员工人人会使用抢险器材。仓库保管员定时对配置的各类器材维修保护，加强管理。抢险器材平时不得挪作他用，对各类防灾器具应落实专人保管。

（3）项目部、监理部要每半年对义务消防队员和相关人员进行一次防火知识、防火器材使用培训和演练（伤员急救常识、灭火器材使用常识、抢险救灾基本常识等）。

（4）加强宣传教育，使全体施工人员了解防火、自救常识。

8. 预案管理与评审改进

消防事故后要分析原因，按“四不放过”的原则查处事故，编写调查报告，采取纠正和预防措施，负责对预案进行评审并改进预案。针对暴露出的缺陷，不断地更新、完善和改进火灾应急预案文件体系，加强火灾应急预案的管理。

2.5 建设单位与相关单位的安全责任制度

《建设工程安全生产管理条例》第四条规定，建设单位、勘察单位、设计单位、施工单位、工程监理单位及其他与建设工程安全生产有关的单位，必须遵守安全生产法律、法规的规定，保证建设工程安全生产，依法承担建设工程安全生产责任。

2.5.1 建设单位的安全责任

建设单位是建设工程项目投资主体或管理主体，在整个工程建设中处于主导地位。

1. 依法办理有关申请批准手续

《建筑法》第四十二条规定，有下列情形之一的，建设单位应当按照国家有关规定办理申请批准手续：（1）需要临时占用规划批准范围以外场地的；（2）可能损坏道路、管线、电力、邮电通讯等公共设施的；（3）需要临时停水、停电、中断道路交通的；（4）需要进行爆破作业的；（5）法律、法规规定需要办理报批手续的其他情形。

2. 依法提供有关资料

《建筑法》第四十条规定，建设单位应当向建筑施工企业提供与施工现场相关的地下管线资料，建筑施工企业应当采取措施加以保护。

《建设工程安全生产管理条例》第六条规定，建设单位应当向施工单位提供施工现场及毗邻区域内供水、排水、供电、供气、供热、通信、广播电视等地下管线资料，气象和水文观测资料，相邻建筑物和构筑物、地下工程的有关资料，并保证资料的真实、准确、完整。

3. 不得提出违法要求和压缩合同工期

《建设工程安全生产管理条例》第七条规定，建设单位不得对勘察、设计、施工、工程监理等单位提出不符合建设工程安全生产法律、法规和强制性标准规定的要求，不得压缩合同约定的工期。

4. 确定建设工程安全作业环境及安全施工措施所需的费用

《建设工程安全生产管理条例》第八条规定，建设单位在编制工程概算时，应当确定建设工程安全作业环境及安全施工措施所需费用。

5. 不得要求购买、租赁和使用不符合安全施工要求的用具与机具、设备等

《建设工程安全生产管理条例》第九条规定，建设单位不得明示或者暗示施工单位购买、租赁、使用不符合安全施工要求的安全防护用具、机械设备、施工机具及配件、消防设施和器材。

6. 申领施工许可证应当提供有关安全施工措施的资料

《建筑法》第八条规定，申请领取施工许可证，应当具备的条件中包括“有保证工程质量和安全的具体措施”。

《建设工程安全生产管理条例》第十条规定，建设单位在申请领取施工许可证时，应当提供建设工程有关安全施工措施的资料。依法批准开工报告的建设工程，建设单位应当自开工报告批准之日起15日内，将保证安全施工的措施报送建设工程所在地的县级以上地方人民政府建设行政主管部门或者其他有关部门备案。

7. 装修工程的规定

《建筑法》第四十九条规定，涉及建筑主体和承重结构变动的装修工程，建设单位应当在施工前委托原设计单位或者具有相应资质条件的设计单位提出设计方案；没有设计方案的，不得施工。

8. 拆除工程的规定

《建筑法》第五十条规定，房屋拆除应当由具备保证安全条件的建筑施工单位承担，由建筑施工单位负责人对安全负责。

《建设工程安全生产管理条例》第十一条规定，建设单位应当将拆除工程发包给具有相应资质等级的施工单位。

建设单位应当在拆除工程施工 15 日前，将下列资料报送建设工程所在地的县级以上地方人民政府建设行政主管部门或者其他有关部门备案：（1）施工单位资质等级证明；（2）拟拆除建筑物、构筑物及可能危及毗邻建筑的说明；（3）拆除施工组织方案；（4）堆放、清除废弃物的措施。

实施爆破作业的，应当遵守国家有关民用爆炸物品管理的规定。

9. 建设单位违法行为应承担的法律责任

《建筑法》第六十五条规定，发包单位将工程发包给不具有相应资质条件的承包单位的，或者违反本法规定将建筑工程肢解发包的，责令改正，处以罚款。

《建设工程安全生产管理条例》第五十四条规定，违反本条例的规定，建设单位未提供建设工程安全生产作业环境及安全施工措施所需费用的，责令限期改正；逾期未改正的，责令该建设工程停止施工。

建设单位未将保证安全施工的措施或者拆除工程的有关资料报送有关部门备案的，责令限期改正，给予警告。

《建设工程安全生产管理条例》第五十五条规定，违反本条例的规定，建设单位有下列行为之一的，责令限期改正，处 20 万元以上 50 万元以下的罚款；造成重大安全事故，构成犯罪的，对直接责任人员，依照刑法有关规定追究刑事责任；造成损失的，依法承担赔偿责任：（1）对勘察、设计、施工、工程监理等单位提出不符合安全生产法律、法规和强制性标准规定的要求的；（2）要求施工单位压缩合同约定的工期的；（3）将拆除工程发包给不具有相应资质等级的施工单位的。

2.5.2 相关单位的安全责任

相关单位的安全责任包括勘察单位的安全责任、设计单位的安全责任、工程监理单位的安全责任、检测检验机构的安全责任和机械设备提供单位、出租单位的安全责任。

1. 勘察单位的安全责任

（1）勘察单位的安全职责

《建设工程安全生产管理条例》第十二条规定，勘察单位应当按照法律、法规和工程建设强制性标准进行勘察，提供的勘察文件应当真实、准确，满足建设工程安全生产的需要。

勘察单位在勘察作业时，应当严格执行操作规程，采取措施保证各类管线、设施和周边建筑物、构筑物的安全。

（2）勘察单位应承担的法律责任

《建设工程安全生产管理条例》第五十六条规定，违反本条例的规定，勘察单位、设计单位有下列行为之一的，责令限期改正，处10万元以上30万元以下的罚款；情节严重的，责令停业整顿，降低资质等级，直至吊销资质证书；造成重大安全事故，构成犯罪的，对直接责任人员，依照刑法有关规定追究刑事责任；造成损失的，依法承担赔偿责任：1）未按照法律、法规和工程建设强制性标准进行勘察、设计的；2）采用新结构、新材料、新工艺的建设工程和特殊结构的建设工程，设计单位未在设计中提出保障施工作业人员安全和预防生产安全事故的措施建议的。

2. 设计单位的安全责任

（1）设计单位安全职责

《建设工程安全生产管理条例》第十三条规定，设计单位应当按照法律、法规和工程建设强制性标准进行设计，防止因设计不合理导致生产安全事故的发生。

设计单位应当考虑施工安全操作和防护的需要，对涉及施工安全的重点部位和环节在设计文件中注明，并对防范生产安全事故提出指导意见。

采用新结构、新材料、新工艺的建设工程和特殊结构的建设工程，设计单位应当在设计中提出保障施工作业人员安全和预防生产安全事故的措施建议。

设计单位和注册建筑师等注册执业人员应当对其设计负责。

（2）设计单位应承担的法律责任

《建设工程安全生产管理条例》第五十六条规定，……（见“勘察单位应承担的法律责任”。）

《建设工程安全生产管理条例》第五十八条规定，注册执业人员未执行法律、法规和工程建设强制性标准的，责令停止执业3个月以上1年以下；情节严重的，吊销执业资格证书，5年内不予注册；造成重大安全事故的，终身不予注册；构成犯罪的，依照刑法有关规定追究刑事责任。

3. 工程监理单位的安全责任

（1）工程监理单位的安全职责

《建设工程安全生产管理条例》第十四条规定，工程监理单位应当审查施工组织设计中的安全技术措施或者专项施工方案是否符合工程建设强制性标准。

工程监理单位在实施监理过程中，发现存在安全事故隐患的，应当要求施工单位整改；情况严重的，应当要求施工单位暂时停止施工，并及时报告建设单位。施工单位拒不整改或者不停止施工的，工程监理单位应当及时向有关主管部门报告。

工程监理单位和监理工程师应当按照法律、法规和工程建设强制性标准实施监理，并对建设工程安全生产承担监理责任。

（2）工程监理单位应承担的法律责任

《建设工程安全生产管理条例》第五十七条规定，违反本条例的规定，工程监理单位有下列行为之一的，责令限期改正；逾期未改正的，责令停业整顿，并处10万元以上30万元以下的罚款；情节严重的，降低资质等级，直至吊销资质证书；造成重大安全事故，构成犯罪的，对直接责任人员，依照刑法有关规定追究刑事责任；造成损失的，依法承担赔偿责任：1）未对施工组织设计中的安全技术措施或者专项施工方案进行审查的；2）发现安全事故隐患未及时要求施工单位整改或者暂时停止施工的；3）施工单位拒不整改或者不停止施工，未及时向有关主管部门报告的；4）未依照法律、法规和工程建设强制性标准实施监理的。

4. 检测检验机构的安全责任

（1）检测检验机构的安全责任

《安全生产法》第七十二条规定，承担安全评价、认证、检测、检验职责的机构应当具备国家规定的资质条件，并对其作出的安全评价、认证、检测、检验结果的合法性、真实性负责。资质条件由国务院应急管理部门会同国务院有关部门制定。承担安全评价、认证、检测、检验职责的机构应当建立并实施服务公开和报告公开制度，不得租借资质、挂靠、出具虚假报告。

《建设工程安全生产管理条例》第十九条规定，检验检测机构对检测合格的施工起重机械和整体提升脚手架、模板等自升式架设设施，应当出具安全合格证明文件，并对检测结果负责。

《特种设备安全法》第二十五条规定，电梯、起重机械的安装、改造、重大修理过程，应当经特种设备检验机构按照安全技术规范的要求进行监督检验；未经监督检验或者监督检验不合格的，不得出厂或者交付使用。

（2）检测检验机构应承担的法律责任

《安全生产法》第九十二条规定，承担安全评价、认证、检测、检验职责的机构出具失实报告的，责令停业整顿，并处三万元以上十万元以下的罚款；给他人造成损害的，依法承担赔偿责任。

承担安全评价、认证、检测、检验职责的机构租借资质、挂靠、出具虚假报告的，没收违法所得；违法所得在10万元以上的，并处违法所得2倍以上5倍以下的罚款，没有违法所得或者违法所得不足10万元的，单处或者并处10万元以上20万元以下的罚款；对其直接负责的主管人员和其他直接责任人员处5万元以上10元以下的罚款；给他人造成损害的，与生产经营单位承担连带赔偿责任；构成犯罪的，依照刑法有关规定追究刑事责任。

对有上述违法行为的机构及其直接责任人员，吊销其相应资质和资格，5年内不得从事安全评价、认证、检测、检验等工作；情节严重的，实行终身行业和职业禁入。

5. 机械设备提供单位、出租单位的安全责任

（1）提供机械设备和配件单位的安全责任

《建设工程安全生产管理条例》第十五条规定，为建设工程提供机械设备和配件的单位，应当按照安全施工的要求配备齐全有效的保险、限位等安全设施和装置。

（2）出租机械设备和施工机具及配件单位的安全责任

《建设工程安全生产管理条例》第十六条规定，出租的机械设备和施工机具及配件，应当具有生产（制造）许可证、产品合格证。出租单位应当对出租的机械设备和施工机具及配件的安全性能进行检测，在签订租赁协议时，应当出具检测合格证明。禁止出租检测不合格的机械设备和施工机具及配件。

《建筑起重机械安全监督管理规定》（建设部令第166号）第七条规定，有下列情形之一的建筑起重机械，不得出租、使用：1）属国家明令淘汰或者禁止使用的；2）超过安全技术标准或者制造厂家规定的使用年限的；3）经检验达不到安全技术标准规定的；4）没有完整安全技术档案的；5）没有齐全有效的安全保护装置的。

第八条规定，建筑起重机械有本规定第七条第1）、2）、3）项情形之一的，出租单位或者自购建筑起重机械的使用单位应当予以报废，并向原备案机关办理注销手续。

（3）施工起重机械和自升式架设设施安装、拆卸单位的安全责任

《建设工程安全生产管理条例》第十七条规定，在施工现场安装、拆卸施工起重机械和整体提升脚手架、模板等自升式架设设施，必须由具有相应资质的单位承担。

安装、拆卸施工起重机械和整体提升脚手架、模板等自升式架设设施，应当编制拆装方案、制定安全施工措施，并由专业技术人员现场监督。

施工起重机械和整体提升脚手架、模板等自升式架设设施安装完毕后，安装单位应当自检，出具自检合格证明，并向施工单位进行安全使用说明，办理验收手续并签字。

第十八条规定，施工起重机械和整体提升脚手架、模板等自升式架设设施的使用达到国家规定的检验检测期限的，必须经具有专业资质的检验检测机构检测。经检测不合格的，不得继续使用。

第六十条规定，违反本条例的规定，出租单位出租未经安全性能检测或者经检测不合格的机械设备和施工机具及配件的，责令停业整顿，并处5万元以上10万元以下的罚款；造成损失的，依法承担赔偿责任。

第六十一条规定，违反本条例的规定，施工起重机械和整体提升脚手架、模板等自升式架设设施安装、拆卸单位有下列行为之一的，责令限期改正，处5万元以上10万元以下的罚款；情节严重的，责令停业整顿，降低资质等级，直至吊销资质证书；造成损失的，依法承担赔偿责任：1）未编制拆装方案、制定安全施工措施的；2）未由专业技术人员现场监督的；3）未出具自检合格证明或者出具虚假证明的；4）未向施工单位进行安全使用说明，办理移交手续的。

施工起重机械和整体提升脚手架、模板等自升式架设设施安装、拆卸单位有上述规定的第1）项、第3）项行为，经有关部门或者单位职工提出后，对事故隐患仍不采取措施，因而发生重大伤亡事故或者造成其他严重后果，构成犯罪的，对直接责任人员，依照刑法有关规定追究刑事责任。

《建筑起重机械安全监督管理规定（建设部令第166号）》第十条规定，从事建筑起重机械安装、拆卸活动的单位（以下简称安装单位）应当依法取得建设主管部门颁发的相应资质和建筑施工企业安全生产许可证，并在其资质许可范围内承揽建筑起重机械安装、拆卸工程。

第十一条规定，建筑起重机械使用单位和安装单位应当在签订的建筑起重机械安装、拆卸合同中明确双方的安全生产责任。

实行施工总承包的，施工总承包单位应当与安装单位签订建筑起重机械安装、拆卸工程安全协议书。

第十二条规定，安装单位应当履行下列安全职责：1）按照安全技术标准及建筑起重机械性能要求，编制建筑起重机械安装、拆卸工程专项施工方案，并由本单位技术负责人签字；2）按照安全技术标准及安装使用说明书等检查建筑起重机械及现场施工条件；3）组织安全施工技术交底并签字确认；4）制定建筑起重机械安装、拆卸工程生产安全事

故应急救援预案；5）将建筑起重机械安装、拆卸工程专项施工方案，安装、拆卸人员名单，安装、拆卸时间等材料报施工总承包单位和监理单位审核后，告知工程所在地县级以上地方人民政府建设主管部门。

第十三条规定，安装单位应当按照建筑起重机械安装、拆卸工程专项施工方案及安全操作规程组织安装、拆卸作业。

安装单位的专业技术人员、专职安全生产管理人员应当进行现场监督，技术负责人应当定期巡查。

6. 政府部门安全生产监督管理的规定

（1）建设工程安全生产的监督管理体制与权限

《安全生产法》第十条规定，国务院应急管理部门依照本法，对全国安全生产工作实施综合监督管理；县级以上地方各级人民政府应急管理部门依照本法，对本行政区域内安全生产工作实施综合监督管理。

国务院交通运输、住房和城乡建设、水利、民航等有关部门依照本法和其他有关法律、行政法规的规定，在各自的职责范围内对有关行业、领域的安全生产工作实施监督管理；县级以上地方各级人民政府有关部门依照本法和其他有关法律、法规的规定，在各自的职责范围内对有关行业、领域的安全生产工作实施监督管理。对新兴行业、领域的安全生产监督管理职责不明确的，由县级以上地方各级人民政府按照业务相近的原则确定监督管理部门。

《建设工程安全生产管理条例》第四十条规定，国务院建设行政主管部门对全国的建设工程安全生产实施监督管理。国务院铁路、交通、水利等有关部门按照国务院规定的职责分工，负责有关专业建设工程安全生产的监督管理。

县级以上地方人民政府建设行政主管部门对本行政区域内的建设工程安全生产实施监督管理。县级以上地方人民政府交通、水利等有关部门在各自的职责范围内，负责本行政区域内的专业建设工程安全生产的监督管理。

（2）政府主管部门对涉及安全生产事项的审查

《安全生产法》第六十三条规定，负有安全生产监督管理职责的部门依照有关法律、法规的规定，对涉及安全生产的事项需要审查批准（包括批准、核准、许可、注册、认证、颁发证照等，下同）或者验收的，必须严格依照有关法律、法规和国家标准或者行业标准规定的安全生产条件和程序进行审查；不符合有关法律、法规和国家标准或者行业标准规定的安全生产条件的，不得批准或者验收通过。对未依法取得批准或者验收合格的单位擅自从事有关活动的，负责行政审批的部门发现或者接到举报后应当立即予以取缔，并依法予以处理。对已经依法取得批准的单位，负责行政审批的部门发现其不再具备安全生产条件的，应当撤销原批准。

第六十四条规定，负有安全生产监督管理职责的部门对涉及安全生产的事项进行审查、验收，不得收取费用；不得要求接受审查、验收的单位购买其指定品牌或者指定生产、销售单位的安全设备、器材或者其他产品。

《建设工程安全生产管理条例》第四十二条规定，建设行政主管部门在审核发放施工许可证时，应当对建设工程是否有安全施工措施进行审查，对没有安全施工措施的，不得颁发施工许可证。建设行政主管部门或者其他有关部门对建设工程是否有安全施工措施进行审查时，不得收取费用。

（3）政府主管部门实施安全生产行政执法工作的法定职权

《安全生产法》第六十五条规定，应急管理部门和其他负有安全生产监督管理职责的部门依法开展安全生产行政执法工作，对生产经营单位执行有关安全生产的法律、法规和国家标准或者行业标准的情况进行监督检查，行使以下职权：1）进入生产经营单位进行检查，调阅有关资料，向有关单位和人员了解情况；2）对检查中发现的安全生产违法行为，当场予以纠正或者要求限期改正；对依法应当给予行政处罚的行为，依照本法和其他有关法律、行政法规的规定作出行政处罚决定；3）对检查中发现的事故隐患，应当责令立即排除；重大事故隐患排除前或者排除过程中无法保证安全的，应当责令从危险区域内撤出作业人员，责令暂时停产停业或者停止使用相关设施、设备；重大事故隐患排除后，经审查同意，方可恢复生产经营和使用；4）对有根据认为不符合保障安全生产的国家标准或者行业标准的设施、设备、器材以及违法生产、储存、使用、经营、运输的危险物品予以查封或者扣押，对违法生产、储存、使用、经营危险物品的作业场所予以查封，并依法作出处理决定。监督检查不得影响被检查单位的正常生产经营活动。

第六十六条规定，生产经营单位对负有安全生产监督管理职责的部门的监督检查人员（以下统称安全生产监督检查人员）依法履行监督检查职责，应当予以配合，不得拒绝、阻挠。

第一百零八条规定，违反本法规定，生产经营单位拒绝、阻碍负有安全生产监督管理职责的部门依法实施监督检查的，责令改正；拒不改正的，处二万元以上二十万元以下的罚款；对其直接负责的主管人员和其他直接责任人员处一万元以上二万元以下的罚款；构成犯罪的，依照刑法有关规定追究刑事责任。

第六十七条规定，安全生产监督检查人员应当忠于职守，坚持原则，秉公执法。安全生产监督检查人员执行监督检查任务时，必须出示有效的行政执法证件；对涉及被检查单位的技术秘密和业务秘密，应当为其保密。

（4）建立安全生产的举报制度和相关信息系统

《安全生产法》第七十三条规定，负有安全生产监督管理职责的部门应当建立举报制度，公开举报电话、信箱或者电子邮件地址等网络举报平台，受理有关安全生产的举报；受理的举报事项经调查核实后，应当形成书面材料；需要落实整改措施的，报经有关负责人签字并督促落实。对不属于本部门职责，需要由其他有关部门进行调查处理的，转交其他有关部门处理。涉及人员死亡的举报事项，应当由县级以上人民政府组织核查处理。

第七十四条规定，任何单位或者个人对事故隐患或者安全生产违法行为，均有权向负有安全生产监督管理职责的部门报告或者举报。

第七十八条规定，负有安全生产监督管理职责的部门应当建立安全生产违法行为信息库，如实记录生产经营单位及其有关从业人员的安全生产违法行为信息；对违法行为情节严重的生产经营单位及其有关从业人员，应当及时向社会公告，并通报行业主管部门、投资主管部门、自然资源主管部门、生态环境主管部门、证券监督管理机构以及有关金融机构。

国务院应急管理部门牵头建立全国统一的生产安全事故应急救援信息系统，国务院相关部门和行业、领域的生产安全事故应急救援信息系统，实现互联互通、信息共享，通过推行网上安全信息采集、安全监管和监测预警，提升监管的精准化、智能化水平。

《建设工程安全生产管理条例》第四十六条规定，县级以上人民政府建设行政主管部门和其他有关部门应当及时受理对建设工程生产安全事故及安全事故隐患的检举、控告和投诉。

2.5.3 房屋市政工程生产安全重大事故隐患判定

根据《住房和城乡建设部房屋市政工程生产安全重大事故隐患判定标准》（2022 版）（以下简称《重大事故隐患判定标准》）规定，重大事故隐患，是指在房屋建筑和市政基础设施工程（以下简称房屋市政工程）施工过程中，存在的危害程度较大、可能导致群死群伤或造成重大经济损失的生产安全事故隐患。

县级及以上人民政府住房和城乡建设主管部门和施工安全监督机构在监督检查过程中可依照《重大事故隐患判定标准》判定房屋市政工程生产安全重大事故隐患。

1. 施工安全管理重大事故隐患

《重大事故隐患判定标准》第四条规定，施工安全管理有下列情形之一的，应判定为重大事故隐患：（1）建筑施工企业未取得安全生产许可证擅自从事建筑施工活动；（2）施工单位的主要负责人、项目负责人、专职安全生产管理人员未取得安全生产考核合格证书从事相关工作；（3）建筑施工特种作业人员未取得特种作业人员操作资格证书上岗作业；（4）危险性较大的分部分项工程未编制、未审核专项施工方案，或未按规定组织专家对“超过一定规模的危险性较大的分部分项工程范围”的专项施工方案进行论证。

2. 基坑工程重大事故隐患

《重大事故隐患判定标准》第五条规定，基坑工程有下列情形之一的，应判定为重大事故隐患：（1）对因基坑工程施工可能造成损害的毗邻重要建筑物、构筑物和地下管线等，未采取专项防护措施；（2）基坑土方超挖且未采取有效措施；（3）深基坑施工未进行第三方监测；（4）有下列基坑坍塌风险预兆之一，且未及时处理：1）支护结构或周边建筑物变形值超过设计变形控制值；2）基坑侧壁出现大量漏水、流土；3）基坑底部出现管涌；4）桩间土流失孔洞深度超过桩径。

3. 模板工程重大事故隐患

《重大事故隐患判定标准》第六条规定，模板工程有下列情形之一的，应判定为重大事故隐患：（1）模板工程的地基基础承载力和变形不满足设计要求；（2）模板支架承受的施工荷载超过设计值；（3）模板支架拆除及滑模、爬模爬升时，混凝土强度未达到设计或规范要求。

4. 脚手架工程重大事故隐患

《重大事故隐患判定标准》第七条规定，脚手架工程有下列情形之一的，应判定为重大事故隐患：（1）脚手架工程的地基基础承载力和变形不满足设计要求；（2）未设置连墙件或连墙件整层缺失；（3）附着式升降脚手架未经验收合格即投入使用；（4）附着式升降脚手架的防倾覆、防坠落或同步升降控制装置不符合设计要求、失效、被人为拆除破坏；（5）附着式升降脚手架使用过程中架体悬臂高度大于架体高度的 2/5 或大于 6m。

5. 起重机械及吊装工程重大事故隐患

《重大事故隐患判定标准》第八条规定，起重机械及吊装工程有下列情形之一的，应判定为重大事故隐患：（1）塔式起重机、施工升降机、物料提升机等起重机械设备未经验收合格即投入使用，或未按规定办理使用登记；（2）塔式起重机独立起升高度、附着间距和最高附着以上的最大悬高及垂直度不符合规范要求；（3）施工升降机附着间距和最高附着以上的最大悬高及垂直度不符合规范要求；（4）起重机械安装、拆卸、顶升加节以及附着前未对结构件、顶升机构和附着装置以及高强度螺栓、销轴、定位板等连接件及安全装置进行检查；（5）建筑起重机械的安全装置不齐全、失效或者被违规拆除、破坏；（6）施工升降机防坠安全器超过定期检验有效期，标准节连接螺栓缺失或失效；（7）建筑起重机械的地基基础承载力和变形不满足设计要求。

6. 高处作业重大事故隐患

《重大事故隐患判定标准》第九条规定，高处作业有下列情形之一的，应判定为重大事故隐患：（1）钢结构、网架安装用支撑结构地基基础承载力和变形不满足设计要求，钢结构、网架安装用支撑结构未按设计要求设置防倾覆装置；（2）单榀钢桁架（屋架）安装时未采取防失稳措施；（3）悬挑式操作平台的搁置点、拉结点、支撑点未设置在稳定的主体结构上，且未做可靠连接。

7. 施工临时用电方面，特殊作业环境重大事故隐患

《重大事故隐患判定标准》第十条规定，施工临时用电方面，特殊作业环境（隧道、人防工程，高温、有导电灰尘、比较潮湿等作业环境）照明未按规定使用安全电压的，应判定为重大事故隐患。

8. 有限空间作业重大事故隐患

《重大事故隐患判定标准》第十一条规定，有限空间作业有下列情形之一的，应判定为重大事故隐患：（1）有限空间作业未履行“作业审批制度”，未对施工人员进行专项安全教育培训，未执行“先通风、再检测、后作业”原则；（2）有限空间作业时现场未有专人负责监护工作。

9. 拆除工程重大事故隐患

《重大事故隐患判定标准》第十二条规定，拆除工程方面，拆除施工作业顺序不符合规范和施工方案要求的，应判定为重大事故隐患。

10. 暗挖工程重大事故隐患

《重大事故隐患判定标准》第十三条规定，暗挖工程有下列情形之一的，应判定为重大事故隐患：（1）作业面带水施工未采取相关措施，或地下水控制措施失效且继续施工；（2）施工时出现涌水、涌沙、局部坍塌，支护结构扭曲变形或出现裂缝，且有不断增大趋势，未及时采取措施。

11. 其他重大事故隐患

《重大事故隐患判定标准》第十四条规定，使用危害程度较大、可能导致群死群伤或造成重大经济损失的施工工艺、设备和材料，应判定为重大事故隐患。

《重大事故隐患判定标准》第十五条规定，其他严重违反房屋市政工程安全生产法律法规、部门规章及强制性标准，且存在危害程度较大、可能导致群死群伤或造成重大经济损失的现实危险，应判定为重大事故隐患。

3　建筑施工企业安全管理

建筑施工企业安全管理包括安全生产组织保障体系、安全生产责任制度、安全生产资金保障制度、安全技术管理、安全检查、安全生产评价、安全生产教育管理、施工环境与卫生管理、劳动保护管理、机械设备管理、安全生产标准化考评、消防安全管理和施工现场管理与文明施工。

3.1 安全生产组织保障体系

3.1.1 安全生产组织与责任体系

1. 组织体系

（1）施工企业必须建立安全生产组织体系，明确企业安全生产的决策、管理、实施的机构或岗位。

（2）施工企业安全生产组织体系应包括各管理层的主要负责人，各相关职能部门及专职安全生产管理机构，相关岗位及专兼职安全管理人员。

（3）施工企业应建立和健全与企业安全生产组织相对应的安全生产责任体系，并应明确各管理层、职能部门、岗位的安全生产责任。

2. 责任体系

（1）施工企业安全生产责任体系应符合下列要求

1）企业主要负责人应领导企业安全管理工作，组织制定企业中长期安全管理目标和制度，审议、决策重大安全事项。

2）各管理层主要负责人应明确并组织落实本管理层各职能部门和岗位的安全生产职责，实现本管理层的安全管理目标。

3）各管理层的职能部门及岗位应承担职能范围内与安全生产相关的职责，互相配合，实现相关安全管理目标，应包括下列主要职责：①技术管理部门（或岗位）负责安全生产的技术保障和改进。②施工管理部门（或岗位）负责生产计划、布置、实施的安全管理。③材料管理部门（或岗位）负责安全生产物资及劳动防护用品的安全管理。④动力设备管理部门（或岗位）负责施工临时用电及机具设备的安全管理。⑤专职安全生产管理机构（或岗位）负责安全管理的检查、处理。⑥其他管理部门（或岗位）分别负责人员配备、资金、教育培训、卫生防疫、消防等安全管理。

（2）施工企业应依据职责落实各管理层、职能部门、岗位的安全生产责任。

（3）施工企业各管理层、职能部门、岗位的安全生产责任应形成责任书，并应经责任部或责任人确认。责任书的内容应包括安全生产职责、目标、考核奖惩标准等。

3.1.2 施工企业安全生产管理机构的设置

1. 施工企业安全生产管理机构组成

根据《安全生产法》《建设工程安全生产管理条例》《安全生产许可证条例》及《建筑施工企业安全生产许可证管理规定》，各级企业必须建立健全安全生产管理机构。

主任由企业安全生产第一责任人担任，副主任由主管生产负责人担任，成员由企业内部与安全生产有关联的职能部门负责人和下属企业主要负责人组成。在企业主要负责人的领导下开展本企业的安全生产管理工作。

2. 施工企业安全生产管理机构的职责

(1) 建筑施工企业安全生产管理机构具有以下职责：1) 宣传和贯彻国家有关安全生产法律法规和标准。2) 编制并适时更新安全生产管理制度并监督实施。3) 组织或参与企业生产安全事故应急救援预案的编制及演练。4) 组织开展安全教育培训与交流。5) 协调配备项目专职安全生产管理人员。6) 制订企业安全生产检查计划并组织实施。7) 监督在建项目安全生产费用的使用。8) 参与危险性较大工程安全专项施工方案专家论证会。9) 通报在建项目违规违章查处情况。10) 组织开展安全生产评优评先表彰工作。11) 建立企业在建项目安全生产管理档案。12) 考核评价分包企业安全生产业绩及项目安全生产管理情况。13) 参加生产安全事故的调查和处理工作。14) 企业明确的其他安全生产管理职责。

(2) 建筑施工企业安全生产管理机构专职安全生产管理人员在施工现场检查过程中具有以下职责：1) 查阅在建项目安全生产有关资料、核实有关情况。2) 检查危险性较大工程安全专项施工方案落实情况。3) 监督项目专职安全生产管理人员履责情况。4) 监督作业人员安全防护用品的配备及使用情况。5) 对发现的安全生产违章违规行为或安全隐患，有权当场予以纠正或作出处理决定。6) 对不符合安全生产条件的设施、设备、器材，有权当场作出查封的处理决定。7) 对施工现场存在的重大安全隐患有权越级报告或直接向建设主管部门报告。8) 企业明确的其他安全生产管理职责。

3. 专职安全员配备要求

建筑施工企业安全生产管理机构专职安全生产管理人员的配备应满足下列要求并应根据企业经营规模、设备管理和生产需要予以增加：

(1) 建筑施工总承包资质序列企业：特级资质不少于 6 人；一级资质不少于 4 人；二级和二级以下资质企业不少于 3 人。

(2) 建筑施工专业承包资质序列企业：一级资质不少于 3 人；二级和二级以下资质企业不少于 2 人。

(3) 建筑施工劳务分包资质序列企业：不少于 2 人。

(4) 建筑施工企业的分公司、区域公司等较大的分支机构（以下简称分支机构）应依据实际生产情况配备不少于 2 人的专职安全生产管理人员。

3.1.3 项目部安全领导小组

1. 项目部安全领导小组的组成

建筑施工企业应当在建设工程项目组建安全生产领导小组，建设工程实行施工总承包的，安全生产领导小组由总承包企业、专业承包企业和劳务分包企业项目经理、技术负责人和专职安全生产管理人员组成。

2. 项目部安全领导小组职责

(1) 安全生产领导小组的主要职责：1) 贯彻落实国家有关安全生产法律法规和标准。2) 组织制定项目安全生产管理制度并监督实施。3) 编制项目生产安全事故应急救援预案并组织演练。4) 保证项目安全生产费用的有效使用。5) 组织编制危险性较大的分部分项工程安全专项施工方案。6) 开展项目安全教育培训。7) 组织实施项目安全检查和隐患排查。8）建立项目安全生产管理档案。9）及时、如实报告生产安全事故。

（2）项目专职安全生产管理人员具有以下主要职责：1）负责施工现场安全生产日常检查并做好检查记录。2）现场监督危险性较大的分部分项工程安全专项施工方案实施情况。3）对作业人员违规违章行为有权予以纠正或查处。4）对施工现场存在的安全隐患有权责令立即整改。5）对于发现的重大安全隐患，有权向企业安全生产管理机构报告。6）依法报告生产安全事故情况。

3. 专职安全员的配备条件（表 3-1）

总承包单位配备项目专职安全生产管理人员应当满足下列要求：

1）建筑工程、装修工程按照建筑面积配备：①1 万平方米以下的工程不少于 1 人。②1 万～5 万平方米的工程不少于 2 人。③5 万平方米及以上的工程不少于 3 人，且按专业配备专职安全生产管理人员。

2）分包单位配备项目专职安全生产管理人员应当满足下列要求：①专业承包单位应当配置至少 1 人，并根据所承担的分部分项工程的工程量和施工危险程度增加。②劳务分包单位施工人员在 50 人以下的，应当配备 1 名专职安全生产管理人员；50～200 人的，应当配备 2 名专职安全生产管理人员；200 人及以上的，应当配备 3 名及以上专职安全生产管理人员，并根据所承担的分部分项工程施工危险实际情况增加，不得少于工程施工人员总人数的 5‰。

专职安全生产管理人员配备标准一览表　　表 3-1

<table>
<tr><th colspan="3">企业类别</th><th>配备标准（人）</th></tr>
<tr><td rowspan="3">施工总承包</td><td colspan="2">特级资质企业</td><td>≥6</td></tr>
<tr><td colspan="2">一级资质企业</td><td>≥4</td></tr>
<tr><td colspan="2">二级及以下资质企业</td><td>≥3</td></tr>
<tr><td rowspan="2">施工专业承包</td><td colspan="2">一级资质企业</td><td>≥3</td></tr>
<tr><td colspan="2">二级及以下资质企业</td><td>≥2</td></tr>
<tr><td rowspan="6">总承包项目经理部</td><td rowspan="3">建筑工程、装修工程按建筑面积配备</td><td>1 万平方米以下</td><td>≥1</td></tr>
<tr><td>1 万～5 万平方米</td><td>≥2</td></tr>
<tr><td>5 万平方米及以上</td><td>≥3（并按专业配备）</td></tr>
<tr><td rowspan="3">土木工程、线路管道、设备安装按合同价</td><td>5000 万元以下</td><td>≥1</td></tr>
<tr><td>5000 万～1 亿元</td><td>≥2</td></tr>
<tr><td>1 亿元及以上</td><td>≥3（并按专业配备）</td></tr>
<tr><td rowspan="3">劳务分包单位项目经理部施工人员（人）</td><td colspan="2">≤50</td><td>≥1</td></tr>
<tr><td colspan="2">50～200</td><td>≥2</td></tr>
<tr><td colspan="2">≥200</td><td>≥3</td></tr>
</table>

3.2 各职能部门与各类人员的安全生产责任

各职能部门与各类人员的安全生产责任包括各职能部门的安全生产责任、各级管理人员的安全责任、各班组长安全生产责任、特种工安全生产责任和一般工种安全责任。

3.2.1 各职能部门的安全生产责任

各职能部门的安全生产责任包括工程管理部门安全生产职责、技术管理部门安全生产职责、机械动力管理部门安全生产职责、劳务管理安全生产职责、物资管理部门安全生产职责、人力资源部门安全生产职责、财务管理部门安全生产职责、保卫消防部门安全生产职责、行政卫生部门安全生产职责和安全管理部门的安全生产职责。

1. 工程管理部门安全生产职责

工程管理部门安全生产职责包括：(1) 在计划、布置、检查、总结、评比生产工作的同时进行计划、布置、检查、总结、评比安全工作，对改善劳动条件、预防伤亡事故的项目必须视同生产任务，纳入生产计划时应优先安排。(2) 在检查生产计划实施情况同时，要检查安全措施项目的执行情况，对施工中重要安全防护设施、设备的实施工作要纳入计划，列为正式工序，给予时间保证。(3) 协调配置安全生产所需的各项资源。(4) 在生产任务与安全保障发生矛盾时，必须优先解决安全工作的实施。(5) 参加安全生产检查和生产安全事故的调查、处理。

2. 技术管理部门安全生产职责

技术管理部门安全生产职责包括：(1) 贯彻执行国家和上级有关安全技术及安全操作规程或规定，保证施工生产中安全技术措施的制定和实施。(2) 在编制和审查施工组织设计和专项施工方案的过程中，要在每个环节中贯穿安全技术措施，对确定后的方案，若有变更，应及时组织修订。(3) 检查施工组织设计和施工方案中安全措施的实施情况，对施工中涉及安全方面的技术性问题，提出解决办法。(4) 按规定组织危险性较大的分部分项工程专项施工方案编制及专家论证工作。(5) 组织安全防护设备、设施的安全验收。(6) 新技术、新材料、新工艺使用前，制定相应的安全技术措施和安全操作规程；对改善劳动条件，减轻笨重体力劳动、消除噪声等方面的治理进行研究解决。(7) 参加生产安全事故和重大未遂事故中技术性问题的调查，分析事故技术原因，从技术上提出防范措施。

3. 机械动力管理部门安全生产职责

机械动力管理部门安全生产职责包括：(1) 负责本企业机械动力设备的安全管理，监督检查。(2) 对相关特种作业人员定期培训、考核。(3) 参与组织编制机械设备施工组织设计，参与机械设备施工方案的会审。(4) 分析生产安全事故涉及设备原因，提出防范措施。

4. 劳务管理安全生产职责

劳务管理安全生产职责包括：(1) 对职工（含外包队工）进行定期的教育考核，将安全技术知识列为工人培训、考工、评级内容之一，对招收新工人（含外部劳务队伍）要组织入厂教育和资格审查，保证提供的人员具有一定的安全生产素质。(2) 严格执行国家、地方特种作业人员上岗位作业的有关规定，适时组织特种作业人员培训工作，并向安全部门或主管领导通报情况。(3) 认真落实国家和地方有关劳动保护的法规，严格执行有关人员的劳动保护待遇，并监督实施情况。(4) 参加生产安全事故的调查，从用工方面分析事故原因，认真执行对事故责任者的处理意见。

5. 物资管理部门安全生产职责

物资管理部门安全生产职责包括：(1) 贯彻执行国家或有关行业的技术标准、规范，制定物资管理制度和易燃、易毒物品的采购、发放、使用、管理制度，并监督执行。(2)确保购置（租赁）的各类安全物资、劳动保护用品符合国家或有关行业的技术规范的要求。(3) 组织开展安全物资抽样试验、检修工作。(4) 参加安全生产检查。

6. 人力资源部门安全生产职责

人力资源部门安全生产职责包括：(1) 审查安全管理人员资格，足额配备安全管理人员，开发、培养安全管理力量。(2) 将安全教育纳入职工培训教育计划，配合开展安全教育培训。(3) 落实特殊岗位人员的劳动保护待遇。(4) 负责职工和建设工程施工人员的工伤保险工作。(5) 依法实行工时、休息、休假制度，对女职工和未成年工实行特殊劳动保护。(6) 参加工伤生产安全事故的调查，认真执行对事故责任者的处理。

7. 财务管理部门安全生产职责

财务管理部门安全生产职责包括：(1) 及时提取安全技术措施经费、劳动保护经费及其他安全生产所需经费，保证专款专用。(2) 协助安全主管部门办理安全奖、罚款手续。

8. 保卫消防部门安全生产职责

保卫消防部门安全生产职责包括：(1) 贯彻执行国家及地方有关消防保卫的法规、规定。(2) 制定消防保卫工作计划和消防安全管理制度，并监督检查执行情况。(3) 参加施工组织设计、方案的审核，提出具体建议并监督实施。(4) 组织开展消防安全教育，会同有关部门对特种作业人员进行消防安全考核。(5) 组织开展消防安全检查，排除火灾隐患。(6) 负责调查火灾事故的原因，提出处理意见。

9. 行政卫生部门安全生产职责

行政卫生部门安全生产职责包括：(1) 对职工进行体格普查和对特种作业人员身体定期检查。(2) 监测有毒有害作业场所的尘毒浓度，做好职业病预防工作。(3) 正确使用防暑降温费用，保证清凉饮料的供应与卫生。(4) 负责本企业食堂（含现场临时食堂）的饮食卫生工作。(5) 督促施工现场救护队组建，组织救护队成员的业务培训工作。(6) 负责流行性疾病和食物中毒事故的调查与处理，提出防范措施。

10. 安全管理部门的安全生产职责

安全管理部门的安全生产职责包括：(1) 宣传和贯彻国家有关安全生产法律法规和标准。(2) 编制并适时更新安全生产管理制度并监督实施。(3) 组织或参与企业生产安全事故应急救援预案的编制及演练。(4) 组织开展安全教育培训与交流。(5) 协调配备项目专职安全生产管理人员。(6) 制定企业安全生产检查计划并组织实施。(7) 监督在建项目安全生产费用的使用。(8) 参与危险性较大的分部分项工程安全专项施工方案专家论证会。(9) 通报在建项目违规违章查处情况，组织开展安全生产评优评先表彰工作。(10) 建立企业在建项目安全生产管理档案。(11) 考核评价分包企业安全生产业绩及项目安全生产管理情况。(12) 参加生产安全事故的调查和处理工作。

3.2.2 各级管理人员的安全生产责任

建筑施工企业应按照国家有关安全生产的法律、法规，建立和健全各级安全生产责任制度，明确各岗位的责任人员、责任内容和考核要求。并在责任制中说明对责任落实情况的检查办法和对各级各岗位执行情况的考核奖罚规定。

1. 企业安全生产工作的第一责任人（对本企业安全生产负全面领导责任）的安全生产职责

企业安全生产工作的第一责任人的安全生产职责包括：(1) 贯彻执行国家和地方有关安全生产的方针政策和法规、规范。(2) 掌握本企业安全生产动态，定期研究安全工作。(3) 组织制定安全工作目标、规划实施计划。(4) 组织制定和完善各项安全生产规章制度及奖惩办法。(5) 建立、健全安全生产责任制，并领导、组织考核工作。(6) 建立、健全安全生产管理体系，保证安全生产投入。(7) 督促、检查安全生产工作，及时消除生产安全事故隐患。(8) 组织制定并实施生产安全事故应急救援预案。(9) 及时、如实报告生产安全事故；在事故调查组的指导下，领导、组织有关部门或人员，配合事故调查处理工作，监督防范措施的制定和落实，防止事故重复发生。

2. 企业主管安全生产负责人的安全生产职责

企业主管安全生产负责人的安全生产职责包括：(1) 组织落实安全生产责任制和安全生产管理制度，对安全生产工作负直接领导责任。(2) 组织实施安全工作规划及实施计划，实现安全目标。(3) 领导、组织安全生产宣传教育工作。(4) 确定安全生产考核指标。(5) 领导、组织安全生产检查。(6) 领导、组织对分包（供）方的安全生产主体资格考核与审查。(7) 认真听取、采纳安全生产的合理化建议，保证安全生产管理体系的正常运转。(8) 发生生产安全事故时，组织实施生产安全事故应急救援。

3. 企业技术负责人的安全生产职责

企业技术负责人的安全生产职责包括：(1) 贯彻执行国家和上级的安全生产方针、政策，在本企业施工安全生产中负技术领导责任。(2) 审批施工组织设计和专项施工方案（措施）时，审查其安全技术措施，并作出决定性意见。(3) 领导开展安全技术攻关活动，并组织技术鉴定和验收。(4) 新材料、新技术、新工艺、新设备使用前，组织审查其使用和实施过程中的安全性，组织编制或审定相应的操作规程。(5) 参加生产安全事故的调查和分析，从技术上分析事故原因，制定整改防范措施。

4. 企业总会计师的安全生产职责

企业总会计师的安全生产职责包括：(1) 组织落实本企业财务工作的安全生产责任制，认真执行安全生产奖惩规定。(2) 组织编制年度财务计划的同时，编制安全生产费用投入计划，保证经费到位和合理开支。(3) 监督、检查安全生产费用的使用情况。

5. 项目经理安全生产职责

项目经理安全生产职责包括：(1) 对承包项目工程生产经营过程中的安全生产负全面领导责任。(2) 贯彻落实安全生产方针、政策、法规和各项规章制度，结合项目工程特点及施工全过程的情况，制定本项目工程各项安全生产管理办法或提出要求，并监督其实施。(3) 在组织项目工程业务承包，聘用业务人员时，必须本着安全工作只能加强的原则，根据工程特点确定安全工作的管理体制和人员，并明确各业务承包人的安全责任和考核指标，支持、指导安全管理人员的工作。(4) 健全和完善用工管理手续，录用外包队必须及时向有关部门申报，严格执行用工制度与管理，适时组织上岗安全教育，要对外包队的健康与安全负责，加强劳动保护工作。(5) 组织落实施工组织设计中的安全技术措施，组织并监督项目工程施工中安全技术交底制度和设备、设施验收制度的实施。(6) 领导、组织施工现场定期的安全生产检查，发现施工生产中安全问题，组织制定措施，及时解决。对上级提出的安全生产与管理方面的问题，要定时、定人、定措施予以解决。(7) 发生事故，要做好现场保护与抢救工作，及时上报。组织、配合事故的调查，认真落实制定的防范措施，吸取事故教训。

6. 项目技术负责人安全生产职责

项目技术负责人安全生产职责包括：(1) 对项目工程生产经营中的安全生产负技术责任。(2) 贯彻、落实安全生产方针、政策、严格执行安全技术规程、规范、标准，结合项目工程特点，主持项目工程的安全技术交底。(3) 参加或组织编制施工组织设计。编制、审查施工方案时，要制定、审查安全技术措施，保证其可行性与针对性，并随时检查、监督、落实。(4) 主持制定技术措施计划和季节性施工方案的同时，制定相应的安全技术措施并监督执行，及时解决执行中出现的问题。(5) 项目工程采用新材料、新技术、新工艺，要及时上报，经批准后方可实施，同时要求组织上岗人员的安全技术培训、教育，认真执行相应的安全技术措施与安全操作工艺、要求，预防施工中因化学物品引起的火灾、中毒或其他新工艺实施中可能造成的事故。(6) 主持安全防护设施和设备的验收，发现设备、设施的不正常情况后及时采取措施严格控制不符合标准要求的防护设备、设施投入使用。(7) 参加安全生产检查，对施工中存在的不安全因素，从技术方面提出整改意见和办法予以消除。(8) 参加、配合因工伤亡及重大未遂事故的调查，从技术上分析事故原因，提出防范措施、意见。

7. 分包单位负责人安全生产职责

分包单位负责人安全生产职责包括：(1) 认真执行安全生产的各项法规、规定、规章制度及安全操作规程，合理安排班组人员工作，对本队人员在生产中的安全和健康负责。(2) 按制度严格履行各项劳务用工手续，做好本队人员的岗位安全培训。经常组织学习安全操作规程，监督本队人员遵守劳动、安全纪律，做到不违章指挥，制止违章作业。(3) 必须保持本队人员的相对稳定。人员变更，须事先向有关部门申报，批准后新来人员应按规定办理各种手续，并经入场和上岗安全教育后方准上岗。(4) 根据上级的交底向本队各工种进行详细的书面安全交底，针对当天任务、作业环境等情况，做好班前安全讲话，监督其执行情况，发现问题，及时纠正、解决。(5) 定期和不定期组织，检查本队人员作业现场安全生产状况，发现问题，及时纠止，重大隐患应立即上报有关领导。(6) 发生因工伤亡及未遂事故，保护好现场，做好伤者抢救工作，并立即上报有关部门。

8. 项目专职安全生产管理人员安全生产职责

项目专职安全生产管理人员的安全生产职责包括：(1) 负责施工现场安全生产日常检查并做好检查记录。(2) 现场监督危险性较大分部分项工程安全专项施工方案实施情况。(3) 对作业人员违规违章行为有权予以纠正或查处。(4) 对工现场存在的安全隐患有权责令立即整改。(5) 对于发现的重大安全隐患，有权向企业安全生产管理机构报告。(6) 依法报告生产安全事故情况。

3.2.3 各班组长安全生产责任

各班组长安全生产责任包括班组长安全生产责任、木工班长安全生产职责、瓦工班长安全生产责任、电焊班长安全生产责任、电工班长安全生产责任、钢筋工班长安全生产责任、架子工班长安全生产责任、安装班长安全生产责任和机械作业班长安全生产责任。

1. 班组长安全生产责任

班组长安全生产责任包括：(1) 严格执行安全生产规章制度，拒绝违章指挥，杜绝违章作业。(2) 合理安排班组人员工对本班组人员在生产中的安全和健康负责。(3) 经常组织班组人员学习安全技术操作规程，监督班组人员正确使用防护用品。认真落实安全技术交底，做好班前讲话。(4) 经常检查班组作业现场安全生产状况，发现问题及时解决并上报有关领导。(5) 认真做好新工人的岗位教育。(6) 发生因工伤亡及未遂事故，保护好现场，立即上报有关领导。

2. 木工班长安全生产责任

木工班长安全生产责任包括：(1) 严格执行安全生产规章制度，拒绝违章指挥，杜绝违章作业。(2) 负责落实安全生产保证计划中有关木工作业施工现场安全控制的规定。(3) 组织班组人员认真学习和执行木工安全技术操作规程，熟知安全知识。(4) 安排生产任务时，认真进行安全技术交底。监督班组人员正确使用安全防护用品。(5) 上工前对所使用的机具、设备、防护用具及作业环境进行安全检查，发现问题立即采取整改措施，及时消除事故隐患。(6) 组织班组安全活动，开好班前安全生产会，并根据作业环境和职工的思想、体质、技术状况合理分配生产任务。(7) 木工间内备有的消防器材应定期检查，确保完好状态。严禁在工作场所吸烟和明火作业，不得存放易燃物品。(8) 工作场所的木料应分类堆放整齐，保持道路畅通。(9) 高空作业对材料堆放应稳妥可靠，严禁向下抛掷工具或物件。(10) 木料加工处的废料和木屑等应即时清理。(11) 发生工伤事故，应立即抢救，及时报告，并保护好现场。

3. 瓦工班长安全生产责任

瓦工班长安全生产责任包括：(1) 严格执行安全生产规章制度，拒绝违章指挥，杜绝违章作业。(2) 负责落实安全生产保证计划中有关瓦工作业施工现场安全控制的规定。(3) 组织班组人员认真学习和执行瓦工安全技术操作规程，熟知安全知识。(4) 安排生产任务时，认真进行安全技术交底。监督班组人员正确使用安全防护用品。(5) 上工前对所使用的机具、设备、防护用具及作业环境进行安全检查，发现问题立即采取整改措施，及时消除事故隐患。(6) 组织班组安全活动，开好班前安全生产会，并根据作业环境和职工的思想、体质、技术状况合理分配生产任务。(7) 经常检查工作岗位环境及脚手架、脚手板、工具使用情况，做到文明施工，不准擅自拆移防范设施。

4. 电焊班长安全生产责任

电焊班长安全生产责任包括：(1) 严格执行安全生产规章制度，拒绝违章指挥，杜绝违章作业。(2) 负责落实安全保证计划中电焊安全动火作业安全控制的规定。(3) 组织班组人员认真学习和执行电焊工安全技术操作规程，熟知安全知识。(4) 安排生产任务时，认真进行安全技术交底。监督班组人员正确使用安全防护用品。(5) 上工前对所使用的机具、设备、防护用具及作业环境进行安全检查，发现问题立即采取整改措施，及时消除事故隐患。(6) 组织班组安全活动，开好班前安全生产会，并根据作业环境和职工的思想、体质、技术状况合理分配生产任务。(7) 发生工伤事故，应立即抢救，及时报告，并保护好现场。

5. 电工班长安全生产责任

电工班长安全生产责任包括：(1) 严格执行安全生产规章制度，拒绝违章指挥，杜绝违章作业。(2) 负责落实安全保证计划中电工作业施工现场安全用电控制的规定。(3) 组织班组人员认真学习和执行电工安全技术操作规程，熟知安全知识，必须做到持证上岗。(4) 安排生产任务时，认真进行安全技术交底，监督班组人员正确使用安全防护用品。(5) 上工前对所使用的机具、设备、防护用具及作业环境进行安全检查，发现问题立即采取整改措施，及时消除事故隐患。(6) 组织班组安全活动，开好班前安全生产会，并根据作业环境和职工的思想、体质、技术状况合理分配生产任务。(7) 使用设备前必须检查设备各部位的性能后方可通电使用。(8) 停用的设备必须拉闸断电，锁好开关箱。(9) 严禁带电作业，设备严禁带“病”运行。(10) 保证电气设备、移动电动工具临时用电正常、稳定运行和安全使用。(11) 发生触电工伤事故，应立即抢救，及时报告，并保护好现场。

6. 钢筋工班长安全生产责任

钢筋工班长安全生产责任包括：(1) 严格执行安全生产规章制度，拒绝违章指挥，杜绝违章作业。(2) 负责落实安全保证计划中钢筋班组施工现场安全控制的规定。(3) 组织班组人员认真学习和执行钢筋工安全技术操作规程，熟知安全知识。(4) 安排生产任务时，认真进行安全技术交底。监督班组人员正确使用安全防护用品。(5) 上工前对所使用的机具、设备、防护用具及作业环境进行安全检查，发现问题采取整改措施，及时消除事故隐患。技术状况合理分配生产任务。(6) 组织班组安全活动，开好班前安全生产会，并根据作业环境和职工的思想，向有关部门汇报。(7) 钢筋搬运、加工和绑扎过程中发生脆断和其他异常情况时，应立刻停止作业，向有关部门汇报。(8) 发生工伤事故时，应立即抢救，及时报告，并保护好现场。

7. 架子工班长安全生产责任

架子工班长安全生产责任包括：(1) 严格执行安全生产规章制度，拒绝违章指挥，杜绝违章作业。(2) 负责落实安全生产保证计划中脚手架防护搭设安全控制的规定。(3) 组织班组人员认真学习和执行架子工安全技术操作规程，熟知安全知识。(4) 安排生产任务时，认真进行安全技术交底。监督班组人员正确使用安全防护用品。(5) 上工前对所使用的机具、设备、防护用具及作业环境进行安全检查，发现问题立即采取整改措施，及时消除事故隐患。(6) 组织班组安全活动，开好班前安全生产会，并根据作业环境和职工的思想、体质、技术状况合理分配生产任务。(7) 脚手架的维修保养应每三个月进行一次，遇大风大雨应事先认真检查，必要时采取加固措施；脚手架搭设完毕，架子工应通知安全部门会同有关人员共同验收，合格挂牌后方可使用。(8) 拆除架子必须设置警戒范围，输送地面的杆件应及时分类堆放整齐。(9) 发生工伤事故时，应立即抢救，及时报告，并保护好现场。

8. 安装班长安全生产责任

安装班长安全生产责任包括：(1) 严格执行安全生产规章制度，拒绝违章指挥，杜绝违章作业。(2) 负责落实安全生产保证计划中安装班组施工现场安全控制的规定。(3) 组织班组人员认真学习和执行本工种安全技术操作规程，熟知安全知识。(4) 安排生产任务时，认真进行安全技术交底，监督班组人员正确使用安全防护用品。(5) 上工前对所使用的机具、设备、防护用具及作业环境进行安全检查，发现问题立即采取整改措施，及时消除事故隐患。(6) 组织班组安全活动，开好班前安全生产会，并根据作业环境和职工的思想、体质、技术状况合理分配生产任务。(7) 发生工伤事故时，应立即抢救，及时报告，并保护好现场。

9. 机械作业班长安全生产责任

机械作业班长安全生产责任包括：（1）严格执行安全生产规章制度，拒绝违章指挥，杜绝违章作业。（2）负责落实安全生产保证计划中施工现场机械操作安全控制的规定。（3）组织班组人员认真学习和执行本工种安全技术操作规程，熟知安全知识。（4）安排生产任务时，认真进行安全技术交底。监督班组人员正确使用安全防护用品。（5）上工前对所使用的机具、设备、防护用具及作业环境进行安全检查，发现问题立即采取整改措施，及时消除事故隐患。（6）组织班组安全活动，开好班前安全生产会，并根据作业环境和职工的思想、体质、技术状况合理分配生产任务。（7）机械作业时，操作人员不得擅自离开工作岗位或将机械交给非本机操作人员操作。严禁无关人员进入作业区和操作室内。（8）作业后，切断电源，锁好闸箱，进行擦拭、润滑并清除杂物。（9）发生工伤事故时，应立即抢救，及时报告，并保护好现场。

3.2.4 特种工安全生产责任

特种工安全生产责任包括起重工安全生产责任、电工安全生产责任、架子工安全生产责任、电气焊工安全生产责任和机械操作工安全生产责任。

1. 起重工安全生产责任

起重工安全生产责任包括：（1）严格执行安全生产规章制度，拒绝违章指挥，杜绝违章作业。（2）认真学习和执行起重工安全技术操作规程，熟知安全知识。（3）坚持上班自检制度。（4）严格执行安全技术施工方案和安全技术交底，不得任意变更、拆除安全防护设施，并不得动用与班组无关的机械和电气设备，加强自我防护意识。（5）上班前不准饮酒，不准疲劳作业，严禁无证人员替代作业。（6）交接班时要记录认真，内容要明细。（7）在工作时要时刻检查各部门运转转动情况及钢丝绳的使用情况。（8）机械的电器设备要严格管理，发现问题及时解决。（9）起重臂下严禁站人，在吊装过程中应严格听从指挥人员的指挥。（10）必须坚持“十不吊原则”。

2. 电工安全生产责任

电工安全生产责任包括：（1）严格执行安全生产规章制度和措施，拒绝违章指挥，不违章作业。（2）认真学习和执行电工安全技术操作规程，做到应知应会，熟知安全知识。（3）坚持每日上班巡回检查制度。坚持班前自检制度，对所用爬梯、电焊机、喷灯、脚手架、电气、洞口等进行全面检查，排除不安全因素，不符合安全要求不得作业。（4）严格执行安全技术施工方案和安全技术交底，不得任意变更、拆除安全防护设施。（5）电工所有绝缘工具应妥善保管好，严禁他用，并经常检查自己的工具是否绝缘性能良好。（6）在班前必须检查工地所有电器，发现问题及时解决。经常检查施工现场的线路设备，各配电箱必须上锁。（7）实行文明施工，高空作业应带工具袋，工具不准上下抛掷。（8）正确使用安全防护用品。（9）对各级检查提出的安全隐患，要按要求及时整改。（10）发生事故和未遂事故，立即向班组长报告，参加事故原因分析，吸取教训。

3. 架子工安全生产责任

架子工安全生产责任包括：（1）严格执行安全生产规章制度，拒绝违章指挥，杜绝违章作业。（2）认真学习和执行架子工安全技术操作规程，熟知安全知识。（3）坚持经常对脚手架、安全网进行检查。(4) 严格执行施工方案和安全技术交底，不得任意变更。(5) 用电线路防护架体搭设时必须停电，严禁带电搭设。(6) 坚决制止私自拆装脚手架和各种防护设施行为。堆放整齐。(7) 实行文明施工，不得从高处向地面抛掷钢管及其他料具，对所使用的材料要按规定堆放整齐。(8) 进入施工现场严禁赤脚、穿拖鞋、穿高跟鞋及酒后作业。(9) 要正确使用安全防护用品。(10) 对检查出的安全隐患要按要求及时整改。(11) 发生事故和未遂事故，立即向班组长报告，参加事故原因分析，吸取教训。

4. 电气焊工安全生产责任

电气焊工安全生产责任包括：(1) 严格执行安全生产规章制度，拒绝违章指挥，杜绝违章作业。(2) 认真学习和执行电气焊工安全技术操作规程，熟知安全知识。(3) 坚持上班自检制度。(4) 严格执行安全技术施工方案和安全技术交底，不得任意变更、拆除安全防护设施，并不得动用与班组无关的机械和电气设备，加强自我防护意识。(5) 正确使用安全防护用品。(6) 下班时要切断电源，收好电缆线，在室外作业要把焊机盖好。高空切割时要有防护措施。(7) 对各级检查提出的安全隐患，要按要求及时整改。(8) 实行文明施工，不得从高处抛掷物品，将流动电线及时收回、妥善保管，电气设备停止使用后，要切断闸箱电源并锁好。(9) 发生事故和未遂事故，立即向班组长报告，参加事故原因分析，吸取教训。

5. 机械操作工安全生产责任

机械操作工安全生产责任包括：(1) 严格执行安全生产规章制度，拒绝违章指挥，杜绝违章作业。(2) 认真学习和执行机械操作工安全技术操作规程，熟知安全知识。(3) 坚持上班自检制度。(4) 要严格执行安全技术施工方案和安全技术交底，不得任意变更、拆除安全防护设施，不得动用与班组无关的机械和电气设备，并加强自我防护意识。(5) 正确使用安全防护用品。(6) 对各级检查提出的隐患，要按要求及时整改。(7) 发生事故和未遂事故，立即向班组长报告，参加事故原因分析。

3.2.5 一般工种安全责任

一般工种安全责任包括钢筋工安全生产责任、木工安全生产责任、混凝土工安全生产责任、瓦工和抹灰工安全生产责任、油漆工和玻璃安装工安全生产责任、管道安装工安全生产责任、机械维修工安全生产责任和仓库管理员安全生产责任。

1. 钢筋工安全生产责任

钢筋工安全生产责任包括：(1) 严格执行安全生产规章制度，拒绝违章指挥，杜绝违章作业。(2) 认真学习和执行钢筋工安全技术操作规程，熟知安全知识。(3) 坚持上班自检制度。(4) 严格执行安全技术施工方案和安全技术交底，不得任意变更、拆除安全防护设施，并不得动用与班组无关的机械和电气设备，加强自我防护意识。(5) 正确使用安全防护用品。(6) 高空作业必须搭设脚手架，绑扎高层建筑物的圈梁时要搭设安全网。(7) 调直机上下不能堆放物料，手与滚筒应保持一定的距离。(8) 对各级检查出的安全隐患，按要求及时整改。(9) 实行文明施工，不得从高处往地面抛掷物品。(10) 发生事故和未遂事故，立即向班组长报告，参与事故原因分析，吸取教训。

2. 木工安全生产责任

木工安全生产责任包括：(1) 严格执行安全生产规章制度，拒绝违章指挥，杜绝违章作业。(2) 认真学习和执行木工安全技术操作规程，熟知安全知识。(3) 坚持上班自检制度。(4) 严格执行安全技术施工方案和安全技术交底，不得任意变更、拆除安全防护设施，不得动用与班组无关的机械和电气设备，并加强自我防护意识。(5) 正确使用安全防护用品。(6) 木工车间每日要保持干净，车间内严禁吸烟。(7) 上班前要保持所有电器完好无损，电线要架设合理。(8) 机械设备要有防护措施，保证机械正常运转。(9) 使用电锯前，应检查锯片，不得有裂纹；螺丝要拧紧；要有防护套；操作时手臂不得跨越锯片。(10) 使用压刨机时，身体要保持平稳，双手操作，严禁在刨料后推送，不得戴手套操作。(11) 工作前应事先检查所使用的工具是否牢固。(12) 对各级检查提出的安全隐患，要按要求及时整改。(13) 实行文明施工，不得从高处往地面抛掷物品。(14) 发生事故和未遂事故，立即向班组长报告，参与事故原因分析，吸取教训。

3. 混凝土工安全生产责任

混凝土工安全生产责任包括：(1) 严格执行安全生产规章制度，拒绝违章指挥，杜绝违章作业。(2) 认真学习和执行混凝土工安全技术操作规程，熟知安全知识。(3) 坚持上班自检制度。(4) 严格执行安全技术施工方案和安全技术交底，不得任意变更、拆除安全防护设施，并不得动用与班组无关的机械和电气设备，加强自我防护意识。(5) 正确使用安全防护用品。(6) 混凝土工的各种机械必须有可靠的接地或接零保护。(7) 夜间施工照明灯具应齐全有效，行走运输信号要明显。(8) 吊斗运料严禁冒高，以防坠落伤人。(9) 采用井架上料时，井架及马道两边的防护要稳固可靠。(10) 各种机械设备必须由专人操作，并且懂得机械原理与维修。(11) 对各级查出的安全隐患要按要求及时整改。

4. 瓦工、抹灰工安全生产责任

瓦工、抹灰工安全生产责任包括：(1) 严格执行安全生产规章制度，拒绝违章指挥，杜绝违章作业。(2) 认真学习和执行瓦工、抹灰工安全技术操作规程，熟知安全知识。(3) 坚持上班自检制度。(4) 严格执行安全技术施工方案和安全技术交底，不得任意变更、拆除安全防护设施并不得动用与班组无关的机械和电气设备，加强自我防护意识。(5) 正确使用安全防护用品。(6) 对各级检查提出的隐患，按要求及时整改。(7) 实行文明施工，不得从高处抛掷建筑垃圾和物品，并随时清理砖、瓦、砂、石等。(8) 发生事故或未遂事故，立即向班组长报告，参加事故分析，吸取教训。(9) 外墙抹灰应检查各道安全网和护身栏杆是否安全有效，要防止物料腐蚀。

5. 油漆、玻璃安装工安全生产责任

油漆、玻璃安装工安全生产责任包括：(1) 严格执行安全生产规章制度，拒绝违章指挥，杜绝违章作业。(2) 认真学习和执行油漆、玻璃安装工安全技术操作规程，熟知安全知识。(3) 对各类油漆、易燃易爆品应存放在专用库房，不允许与其他材料混堆，对挥发性油料必须存于密闭容器内，必须设专人保管。(4) 油漆库房应有良好的通风，并有足够的消防器材，悬挂醒目的"严禁烟火"标志，库房与其他建筑物应保持一定的距离，严禁住人。通风不良处刷漆时，应有通风换气设施。(5) 搬运玻璃时，应戴防护手套。安装窗扇玻璃时，应系好安全带，并不得在同一垂直面内上下同时作业，工作场所碎玻璃要及时清理，以免被刺伤、割伤。(6) 对各级查出的安全隐患要及时整改，不符合要求的不得施工。

6. 管道安装工安全生产责任

管道安装工安全生产责任包括：(1) 严格执行安全生产规章制度，拒绝违章指挥，杜绝违章作业。(2) 认真学习和执行管道安装工安全技术操作规程，熟知安全知识。(3) 坚持上班自检制度。(4) 严格执行安全技术施工方案和安全技术交底，不得任意变更、拆除安全防护设施，并不得动用与班组无关的机械和电气设备，加强自我防护意识。(5) 正确使用安全防护用品。(6) 管子变弯时要用干沙，加垫时管口不得站人；打眼时，楼板下及墙对面严禁站人；压力表要定期检校，发现不灵敏的要及时更换。(7) 对各级检查提出的安全隐患要按要求及时整改。(8) 发生事故和未遂事故，立即向班组长报告，参加事故原因分析，吸取教训。

7. 机械维修工安全生产责任

机械维修工安全生产责任包括：(1) 严格执行安全生产规章制度，拒绝违章指挥，杜绝违章作业。(2) 认真学习和执行机械维修工安全技术操作规程，熟知安全知识。(3) 修理机械要选择平坦坚实地点停放，支撑牢固和楔紧；使用千斤顶时，必须用支架垫稳，不准在发动的车辆下面操作。(4) 检修有毒、易燃物的容器或设备时，应先严格清洗。在容器内操作，必须通风良好，外面应有人监护。(5) 工作时注意工具应经常检查，是否损坏，打大锤时不准戴手套，在大锤甩转方向上下不准有人。(6) 检修中的机械应有“正在修理，禁止开动”的标志示警，非检修人员一律不准发动或转动，修理中不准将手伸进齿轮箱或用手指找正对孔。(7) 清洗用油、润滑油及废油脂，必须按指定地点存放。废油、废棉纱不准随地乱扔。(8) 修理电气设备，要先切断电源，并锁好开关箱，悬挂“有人检修，禁止合闸”的警示牌，并派专人监护，方可修理。(9) 多人操作的工作平台，中间应设防护网，对面方向操作时应错开。(10) 积极参加安全竞赛和安全活动，接受安全教育，做好设备的维修保养工作。(11) 要严格执行安全技术施工方案和安全技术交底，不得任意变更、拆除安全防护设施，并不得动用与班组无关的机械和电气设备，加强自我防护意识。(12) 正确使用安全防护用品。(13) 对各级检查提出的隐患，要按要求及时整改。

8. 仓库管理员安全生产责任

仓库管理员安全生产责任包括：(1) 凡进库货物必须进行验收，核实后做好造册登记。(2) 认真负责搞好仓库内部材料、设备及小工具的发放工作，并应做好登记。(3) 工程需要的材料库存不足时，应提早备足，不至于影响正常施工。(4) 仓库内应保持整洁、货物堆放整齐、货架堆放的物品应挂牌明示，以便迅速无误地发放。(5) 严禁非仓库管理人员入内，严禁烟火。(6) 不得私自离岗，如有事外出，应委托他人临时看守。(7) 做好收、管工作，签好每一张单据，严格把关砂石料的计量及质量。(8) 定期检查仓库消防器材的完好情况，在规定的禁火区域内严格执行动火审批手续。

3.3 安全生产资金保障制度

安全生产资金保障制度包括基本要求、企业安全生产费用提取和使用管理办法和安全生产费用使用和监督。

3.3.1 基本要求

1. 安全生产费用管理应包括资金的提取、申请、审核审批、支付、使用、统计、分析、审计检查等工作内容。

2. 施工企业应按规定提取安全生产所需的费用。安全生产费用应包括安全技术措施、安全教育培训、劳动保护、应急准备等，以及必要的安全评价、监测、检测、论证所需费用。

3. 施工企业各管理层应根据安全生产管理需要，编制安全生产费用使用计划，明确费用使用的项目、类别、额度、实施单位及责任者、完成期限等内容，并应经审核批准后执行。

4. 施工企业各管理层相关负责人必须在其管辖范围内，按专款专用、及时足额的要求，组织落实安全生产费用使用计划。

5. 施工企业各管理层应建立安全生产费用分类使用台账，应定期统计，并报上一级管理层。

6. 施工企业各管理层应定期对下一级管理层的安全生产费用使用计划的实施情况进行监督审查和考核。

7. 施工企业各管理层应对安全生产费用管理情况进行年度汇总分析，并应及时调整安全生产费用的比例。

3.3.2 企业安全生产费用提取和使用管理办法

1. 安全费用的提取标准

建设工程施工企业以建筑安装工程造价为计提依据。各建设工程类别安全费用提取标准如下：(1) 房屋建筑工程、水利水电工程、电力工程、铁路工程、城市轨道交通工程为2.0%。(2) 市政公用工程、冶炼工程、机电安装工程、化工石油工程、港口与航道工程、公路工程、通信工程为1.5%。(3) 建设工程施工企业提取的安全费用列入工程造价，在竞标时，不得删减，列入标外管理。国家对基本建设投资概算另有规定的，从其规定。(4) 总包单位应当将安全费用按比例直接支付分包单位并监督使用，分包单位不再重复提取。

2. 安全费用的使用范围

建设工程施工企业安全费用应当按照以下范围使用：(1) 完善、改造和维护安全防护设施设备支出（不含“三同时”要求初期投入的安全设施），包括施工现场临时用电系统、洞口、临边、机械设备、高处作业防护、交叉作业防护、防火、防爆、防尘、防毒、防雷、防台风、防地质灾害、地下工程有害气体监测、通风、临时安全防护等设施设备支出。(2) 配备、维护、保养应急救援器材、设备支出和应急演练支出。(3) 开展重大危险源和事故隐患评估、监控和整改支出。(4) 安全生产检查、评价（不包括新建、改建、扩建项目安全评价）、咨询和标准化建设支出。(5) 配备和更新现场作业人员安全防护用品支出。(6) 安全生产宣传、教育、培训支出。(7) 安全生产适用的新技术、新标准、新工艺、新装备的推广应用支出。(8) 安全设施及特种设备检测检验支出。(9) 其他与安全生产直接相关的支出。

3.3.3 安全生产费用使用和监督

1. 安全生产费用使用

安全生产费用使用应符合下列要求：(1) 工程项目在开工前应按照项目施工组织设计或专项安全技术方案编制安全生产费用的投入计划，安全生产费用的投入应满足本项目的安全生产需要。(2) 满足安全生产隐患整改支出或达到安全生产标准所需支出。(3) 工程项目按照安全生产费用的投入计划进行相应的物资采购和实物调拨，并建立项目安全用品采购和实物调拨台账。(4) 安全生产费用专款专用。安全生产费用计划不能满足安全生产实际投入需要的部分，据实计入生产成本。

2. 安全生产费用监督检查

安全生产费用使用监督检查应符合下列要求：(1) 各级企业进行安全生产检查、评审和考核时，应把安全生产费用的投入和管理作为必查内容，检查安全生产费用投入计划、安全生产费用投入额度、安全用品实物台账和施工现场安全设施投入情况，不符合规定的应立即纠正。(2) 各企业应定期对项目经理部安全生产投入的执行情况进行监督检查，及时纠正由于安全投入不足，致使施工现场存在安全隐患的问题。(3) 施工项目对分包安全生产费用的投入必须进行认真检查，防止并纠正不按照生产技术措施的标准和数量进行安全投入、现场安全设施不到位及员工防护不达标现象。

3.4 安全技术管理

安全技术管理包括基本要求、危险性较大的分部分项工程专项施工方案的编制、安全技术交底和施工现场危险源辨识及预案制定。

3.4.1 基本要求

安全技术管理应符合以下基本要求：

1. 施工企业安全技术管理应包括对安全生产技术措施的制定、实施、改进等进行管理。

2. 施工企业各管理层的技术负责人应对管理范围的安全技术管理负责。

3. 施工企业应定期进行技术分析，改造、淘汰落后的施工工艺、技术和设备，应推广先进、适用的工艺、技术和装备，并应完善安全生产作业条件。

4. 施工企业应依据工程规模、类别、难易程度等明确施工组织设计、专项施工方案(措施)的编制、审核和审批的内容、权限、程序及时限。

5. 施工企业应根据施工组织设计、专项施工方案(措施)的审核、审批权限，组织相关职能部门审核，技术负责人审批。审核、审批应有明确意见并签名盖章。编制、审批应在施工前完成。

6. 施工企业应根据施工组织设计、专项安全施工方案(措施)编制和审批权限的设置分级进行安全技术交底，编制人员应参与安全技术交底、验收和检查。

7. 施工企业可结合生产实际制定企业内部安全技术标准和图集。

3.4.2 危险性较大的分部分项工程专项施工方案的编制

针对危险性较大的分部分项工程，需单独编制安全技术措施及方案，安全技术措施及方案必须有设计、有计算、有详图、有文字说明。

1. 危险性较大的分部分项工程与超过一定规模的危险性较大的分部分项工程范围（表 3-2）

危险性较大的分部分项工程与超过一定规模的危险性较大的分部分项工程范围　表 3-2

分部分项工程	危险性较大的分部分项工程	超过一定规模的危险性较大的分部分项工程
基坑工程、深基坑工程	（一）开挖深度超过 3m（含 3m）的基坑（槽）的土方开挖、支护、降水工程。（二）开挖深度虽未超过 3m，但地质条件、周围环境和地下管线复杂，或影响毗邻建、构筑物安全的基坑（槽）的土方开挖、支护、降水工程	开挖深度超过 5m（含 5m）的基坑（槽）的土方开挖、支护、降水工程
模板工程及支撑体系	（一）各类工具式模板工程：包括滑模、爬模、飞模、隧道模等工程。（二）混凝土模板支撑工程：搭设高度 5m 及以上，或搭设跨度 10m 及以上，或施工总荷载（荷载效应基本组合的设计值，以下简称设计值）10kN/m² 及以上，或集中线荷载（设计值）15kN/m 及以上，或高度大于支撑水平投影宽度且相对独立无联系构件的混凝土模板支撑工程。（三）承重支撑体系：用于钢结构安装等满堂支撑体系	（一）各类工具式模板工程：包括滑模、爬模、飞模、隧道模等工程。（二）混凝土模板支撑工程：搭设高度 8m 及以上，或搭设跨度 18m 及以上，或施工总荷载（设计值）15kN/m²及以上，或集中线荷载（设计值）20kN/m 及以上。（三）承重支撑体系：用于钢结构安装等满堂支撑体系，承受单点集中荷载 7kN 及以上
起重吊装及起重机械安装拆卸工程	（一）采用非常规起重设备、方法，且单件起吊重量在 10kN 及以上的起重吊装工程。（二）采用起重机械进行安装的工程。（三）起重机械安装和拆卸工程	（一）采用非常规起重设备、方法，且单件起吊重量在 100kN 及以上的起重吊装工程。（二）起重量 300kN 及以上，或搭设总高度 200m 及以上，或搭设基础标高在 200m 及以上的起重机械安装和拆卸工程
脚手架工程	（一）搭设高度 24m 及以上的落地式钢管脚手架工程（包括采光井、电梯井脚手架）。（二）附着式升降脚手架工程。（三）悬挑式脚手架工程。（四）高处作业吊篮。（五）卸料平台、操作平台工程。（六）异型脚手架工程	（一）搭设高度 50m 及以上的落地式钢管脚手架工程。（二）提升高度在 150m 及以上的附着式升降脚手架工程或附着式升降操作平台工程。（三）分段架体搭设高度 20m 及以上的悬挑式脚手架工程
拆除工程	可能影响行人、交通、电力设施、通信设施或其他建、构筑物安全的拆除工程	（一）码头、桥梁、高架、烟囱、水塔或拆除中容易引起有毒有害气（液）体或粉尘扩散、易燃易爆事故发生的特殊建、构筑物的拆除工程。（二）文物保护建筑、优秀历史建筑或历史文化风貌区影响范围内的拆除工程
暗挖工程	采用矿山法、盾构法、顶管法施工的隧道、洞室工程	采用矿山法、盾构法、顶管法施工的隧道、洞室工程

续表

分部分项工程	危险性较大的分部分项工程	超过一定规模的危险性较大的分部分项工程
其他	（一）建筑幕墙安装工程。（二）钢结构、网架和索膜结构安装工程。（三）人工挖孔桩工程。（四）水下作业工程。（五）装配式建筑混凝土预制构件安装工程。（六）采用新技术、新工艺、新材料、新设备可能影响工程施工安全，尚无国家、行业及地方技术标准的分部分项工程	（一）施工高度50m及以上的建筑幕墙安装工程。（二）跨度36m及以上的钢结构安装工程，或跨度60m及以上的网架和索膜结构安装工程。（三）开挖深度16m及以上的人工挖孔桩工程。（四）水下作业工程。（五）重量1000kN及以上的大型结构整体顶升、平移、转体等施工工艺。（六）采用新技术、新工艺、新材料、新设备可能影响工程施工安全，尚无国家、行业及地方技术标准的分部分项工程

2. 危险性较大的分部分项工程安全技术措施及方案应包括的内容

根据《危险性较大的分部分项工程安全管理办法》第七条规定，专项方案编制应当包括以下内容：（1）工程概况：危险性较大的分部分项工程概况、施工平面布置、施工要求和技术保证条件。（2）编制依据：相关法律、法规、规范性文件、标准、规范及图纸（标准图集）、施工组织设计等。（3）施工计划：包括施工进度计划、材料与设备计划。（4）施工工艺技术：技术参数、工艺流程、施工方法、检查验收等。（5）施工安全保证措施：组织保障、技术措施、应急预案、监测监控等。（6）劳动力计划：专职安全生产管理人员、特种作业人员等。（7）计算书及相关图纸。

3. 专项安全技术措施及方案的编制和审批（表3-3）

专项安全技术措施及方案的编制和审批　　表3-3

安全技术措施及方案	编制	审核	审批
一般工程的安全技术措施及方案	项目技术人	项目技术负责人	项目总工
危险性较大的分部分项工程的安全技术措施及方案	项目技术负责人（或企业技术管理部）	企业技术、安全、质量等管理部门	企业总工程师（或总工授权）
超过一定规模的危险性较大的分部分项工程的安全技术措施及方案	项目总工（或企业技术管理部门）	企业技术、安全、质量等管理部门并聘请有关专家进行论证	企业总工程师（或总工授权）

3.4.3　安全技术交底

安全技术交底应符合下列要求：

1. 各项目经理部必须建立健全和落实安全技术交底制度。

2. 安全技术交底必须按工种分部分项交底。施工条件发生变化时，应有针对性地补充交底内容；冬雨期施工应有针对季节气候特点的安全技术交底。工程因故停工，复工时应重新进行安全技术交底。

3. 安全技术交底必须在工序施工前进行，并且要保证交底逐级下达到施工作业班组全体作业人员。施工组织设计交底顺序为：项目总工程师－项目技术人员－责任工程师；

分部分项施工方案交底顺序为：项目技术人员一责任工程师一班组长；分项施工方案（作业指导书）交底顺序为：责任工程师一班组长一作业人员。

4. 安全技术交底必须有针对性、指导性及可操作性，交底双方需要书面签字确认，并各持有一套书面资料。

5. 安全技术交底文字资料来源于施工组织设计和专项施工方案，交底资料应接受项目安全总监监督。安全总监应审核安全技术交底的准确性、全面性和针对性并存档。

3.4.4 施工现场危险源辨识及预案制定

1. 基本要求

（1）建筑施工项目应当制定具体应急预案，并对生产经营场所及周边环境开展隐患排查，及时采取措施消除隐患，防止发生突发事件。

（2）建筑施工项目对重大危险源应当登记建档，进行定期检测、评估、监控，并制定应急预案，告知从业人员和相关人员在紧急情况下应当采取的应急措施。登记建档应当包括重大危险源的名称、地点、性质和可能造成的危害等内容。

2. 危险源辨识

建筑施工项目应成立由项目经理任组长的危险源辨识评价小组，在工程开工前由危险源辨识评价小组对施工现场的主要和关键工序中的危险因素进行辨识。

（1）危险源分类

建筑施工项目的危险源大概可分为以下几类：高处坠落、物体打击、触电、坍塌、机械伤害、起重伤害、中毒和窒息、火灾和爆炸、车辆伤害、粉尘、噪声、灼烫、其他等。

施工现场内的危险源主要与施工部位、分部分项（工序）工程、施工装置（设施机械）及物质有关。如脚手架（包括落地架、悬挑架、爬架等）、模板支撑体系、起重吊装、物料提升机、施工电梯安装与运行，基坑（槽）施工，局部结构工程或临时建筑（棚、围墙等）失稳，造成坍塌、倒塌意外；高度大于 2m 的作业面（包括高空、洞口、临边作业），因安全防护设施不符合或无防护设施、人员未配备劳动保护用品造成人员踏空、滑倒、失稳等意外；焊接、金属切割、冲击钻孔（凿岩）等施工及各种施工电气设备的安全保护（如漏电保护、绝缘、接地保护等）不符合要求，造成人员触电、局部火灾等意外；工程材料、构件及设备的堆放与搬（吊）运等发生高空坠落、堆放散落、撞击人员等意外，人工挖孔桩（井）、室内涂料（油漆）及粘贴等因通风排气不畅造成人员窒息或气体中毒。施工用易燃易爆化学物品临时存放或使用不符合、防护不到位，造成火灾或人员中毒意外，工地饮食卫生不符合要求，造成集体食物中毒或疾病。

（2）危险源识别

在对危险源进行识别时应充分考虑正常、异常、紧急三种状态以及过去、现在、将来三种时态。主要从作业活动进行辨识：施工准备、施工阶段、关键工序、工地地址、工地内平面布局、建筑物构造、所使用的机械设备装置、有害作业部位（粉尘、毒物、噪声、振动、高低温）、各项制度（女工劳动保护、体力劳动强度等）、生活设施和应急、外出工作人员和外来工作人员。重点放在工程施工的基础、主体、装饰装修阶段及危险品的控制及影响上，并考虑国家法律、法规的要求，特种作业人员、危险设施、经常接触有毒有害物质的作业活动和情况；具有易燃、易爆特性的作业活动和情况；具有职业性健康伤害、损害的作业活动和情况；曾经发生或行业内经常发生事故的作业活动和情况。

（3）风险评价

风险评价是评估危险源所带来的风险大小及确定风险是否可容许的全过程，根据评价的结果对风险进行分级，按不同级别的风险有针对性地采取风险控制措施。安全风险的大小可采用事故后果的严重程度与事故发生可能性的乘积来衡量，见表3-4。

风险的评价分级确定表 **表3-4**

可能性	后果				
	1	2	3	4	5
A	低	低	低	中	高
B	低	低	中	高	极高
C	低	中	高	极高	极高
D	中	高	高	极高	极高
E	高	高	极高	极高	极高

（4）风险控制

风险应根据不同级别分别进行相应控制。极高：作为重点的控制对象，制定方案实施控制。高：直至风险降低后才能开始工作，为降低风险有时必须配备大量资源，当风险涉及正在进行中的工作时，应采取应急措施。在方案和规章制度中制定控制办法，并对其实施控制。中：应努力降低风险，但应仔细测定并限定预防成本，在规章制度内进行预防和控制。低：是指风险减低到合理可行的，最低水平不需要另外的控制措施，应考虑投资效果更佳的解决方案或不增加额外成本的改进措施，需要监测来确保控制措施得以维持。

建筑施工项目应当根据建设工程施工的特点、范围，对施工现场易发生重大事故的部位、环节进行监控，制定施工现场生产安全事故应急救援预案。实行施工总承包的，由总承包单位统一组织编制建设工程生产安全事故应急救援预案，工程总承包单位和分包单位按照应急救援预案，各自建立应急救援组织或者配备应急救援人员，配备救援器材、设备，并定期组织演练。主要预案应包括：生产安全事故应急救援预案；大模板工程专项应急预案；脚手架工程专项应急预案；深基础土方工程专项应急预案；起重机械专项应急预案；电动吊篮应急预案；消防安全应急预案；防汛应急预案；法定传染病暴发与流行事件应急预案；高温、低温作业应急预案；集体食堂食物中毒事故应急预案；急性职业中毒事故应急预案等。

3.5 安全生产评价

根据《施工企业安全生产评价标准》JGJ/T 77—2010规定，安全生产评价包括评价内容、评价方法和评价等级。

3.5.1 安全生产评价内容

安全生产评价内容包括：安全生产管理评价、安全技术管理评价、设备和设施管理评价、企业市场行为评价和施工现场安全管理评价，具体如下：

1. 安全生产管理评价

（1）施工企业安全生产条件应按安全生产管理、安全技术管理、设备和设施管理、企业市场行为和施工现场安全管理等5项内容进行考核，并应按本标准附录A中的内容具体实施考核评价。

（2）每项考核内容应以评分表的形式和量化的方式，根据其评定项目的量化评分标准及其重要程度进行评定。

（3）安全生产管理评价应为对企业安全管理制度建立和落实情况的考核，其内容应包括安全生产责任制度、安全文明资金保障制度、安全教育培训制度、安全检查及隐患排查制度、生产安全事故报告处理制度、安全生产应急救援制度等6个评定项目。

（4）施工企业安全生产责任制度的考核评价应符合下列要求：1）未建立以企业法人为核心分级负责的各部门及各类人员的安全生产责任制，则该评定项目不应得分。2）未建立各部门、各级人员安全生产责任落实情况考核的制度及未对落实情况进行检查的，则该评定项目不应得分。3）未实行安全生产的目标管理、制定年度安全生产目标计划、落实责任和责任人及未落实考核的，则该评定项目不应得分。4）对责任制和目标管理等的内容和实施，应根据具体情况评定折减分数。

（5）施工企业安全文明资金保障制度的考核评价应符合下列要求：1）制度未建立且每年未对与本企业施工规模相适应的资金进行预算和决算，未“专款专用”，则该评定项目不应得分。2）未明确安全生产、文明施工资金使用、监督及考核的责任部门或责任人，应根据具体情况评定折减分数。

（6）施工企业安全教育培训制度的考核评价应符合下列要求：1）未建立制度且每年未组织对企业主要负责人、项目经理、安全专职人员及其他管理人员的继续教育的，则该评定项目不应得分。2）企业年度安全教育计划的编制、职工培训教育的档案管理，各类人员的安全教育，应根据具体情况评定折减分数。

（7）施工企业安全检查及隐患排查制度的考核评价应符合下列要求：1）未建立制度且未对所属的施工现场、后方场站、基地等组织定期和不定期安全检查的，则该评定项目不应得分。2）隐患的整改、排查及治理，应根据具体情况评定折减分数。

（8）施工企业生产安全事故报告处理制度的考核评价应符合下列要求：1）未建立制度且未及时、如实上报施工生产中发生伤亡事故的，则该评定项目不应得分。2）对已发生的和未遂事故，未按照“四不放过”原则进行处理的，则该评定项目不应得分。3）未建立生产安全事故发生及处理情况事故档案的，则该评定项目不应得分。

（9）施工企业安全生产应急救援制度的考核评价应符合下列要求：1）未建立制度且未按照本企业经营范围，并结合本企业的施工特点，制定易发事故部位、工序、分部、分项工程的应急救援预案，未对各项应急预案组织实施演练的则该评定项目不应得分。2）应急救援预案的组织、机构、人员和物资的落实，应根据具体情况评定折减分数。

2. 安全技术管理评价

安全技术管理评价包括的内容及考核评价应符合的要求如下：

（1）安全技术管理评价应为对企业安全技术管理工作的考核，其内容应包括法规、标准和操作规程配置，施工组织设计，专项施工方案（措施），安全技术交底，危险源控制等5个评定项目。

（2）施工企业法规、标准和操作规程配置及实施情况的考核评价应符合下列要求：1）未配置与企业生产经营内容相适应的、现行的有关安全生产方面的法规、标准，以及各工种安全技术操作规程，并未及时组织学习和贯彻的，则该评定项目不应得分。2）配置不齐全，应根据具体情况评定折减分数。

（3）施工企业施工组织设计编制和实施情况的考核评价应符合下列要求：1）未建立施工组织设计编制、审核、批准制度的，则该评定项目不应得分。2）安全技术措施的针对性及审核、审批程序的实施情况等，应根据具体情况评定折减分数。

（4）施工企业专项施工方案（措施）编制和实施情况的考核评价应符合下列要求：1）未建立对危险性较大的分部、分项工程专项施工方案编制、审核、批准制度的，则该评定项目不应得分。2）制度的执行，应根据具体情况评定折减分数。

（5）施工企业安全技术交底制定和实施情况的考核评价应符合下列要求：1）未制定安全技术交底规定的，则该评定项目不应得分。2）安全技术交底资料的内容、编制方法及交底程序的执行，应根据具体情况评定折减分数。

（6）施工企业危险源控制制度的建立和实施情况的考核评价应符合下列要求：1）未根据本企业的施工特点，建立危险源监管制度的，则该评定项目不应得分。2）危险源公示、告知及相应的应急预案编制和实施，应根据具体情况评定折减分数。

3. 设备和设施管理评价

设备和设施管理评价包括的内容及考核评价应符合的要求如下：

（1）设备和设施管理评价应为对企业设备和设施安全管理工作的考核，其内容应包括设备安全管理、设施和防护用品、安全标志、安全检查测试工具等4个评定项目。

（2）施工企业设备安全管理制度的建立和实施情况的考核评价应符合下列要求：1）未建立机械、设备（包括应急救援器材）采购、租赁、安装、拆除、验收、检测、检查、保养、维修、改造和报废制度的，则该评定项目不应得分。2）设备的管理台账、技术档案、人员配备及制度落实，应根据具体情况评定折减分数。

（3）施工企业设施和防护用品制度的建立及实施情况的考核评价应符合下列要求：1）未建立安全设施及个人劳保用品的发放、使用管理制度的，则该评定项目不应得分；2）安全设施及个人劳保用品管理的实施及监管，应根据具体情况评定折减分数。

（4）施工企业安全标志管理规定的制定和实施情况的考核评价应符合下列要求：1）未制定施工现场安全警示、警告标识、标志使用管理规定的，则该评定项目不应得分。2）管理规定的实施、监督和指导，应根据具体情况评定折减分数。

（5）施工企业安全检查测试工具配备制度的建立和实施情况的考核评价应符合下列要求：1）未建立安全检查检验仪器、仪表及工具配备制度的，则该评定项目不应得分。2）配备及使用，应根据具体情况评定折减分数。

4. 企业市场行为评价

企业市场行为评价包括的内容及考核评价应符合的要求如下：

（1）企业市场行为评价应为对企业安全管理市场行为的考核，其内容包括安全生产许可证、安全生产文明施工、安全质量标准化达标、资质机构与人员管理制度等4个评定项目。

（2）施工企业安全生产许可证许可状况的考核评价应符合下列要求：1）未取得安全

生产许可证而承接施工任务的、在安全生产许可证暂扣期间承接工程的、企业承发包工程项目的规模和施工范围与本企业资质不相符的，则该评定项目不应得分。2）企业主要负责人、项目负责人和专职安全管理人员的配备和考核，应根据具体情况评定折减分数。

（3）施工企业安全生产文明施工动态管理行为的考核评价应符合下列要求：1）企业资质因安全生产、文明施工受到降级处罚的，则该评定项目不应得分。2）其他不良行为，视其影响程度、处理结果等，应根据具体情况评定折减分数。

（4）施工企业安全质量标准化达标情况的考核评价应符合下列要求：1）本企业所属的施工现场安全质量标准化年度达标合格率低于国家或地方规定的，则该评定项目不应得分。2）安全质量标准化年度达标优良率低于国家或地方规定的，应根据具体情况评定折减分数。

（5）施工企业资质、机构与人员管理制度的建立和人员配备情况的考核评价应符合下列要求：1）未建立安全生产管理组织体系、未制定人员资格管理制度、未按规定设置专职安全生产管理机构、未配备足够的安全生产专管人员的，则该评定项目不应得分。2）实行分包的，总承包单位未制定对分包单位资质和人员资格管理制度并监督落实的，则该评定项目不应得分。

5. 施工现场安全管理评价

施工现场安全管理评价包括的内容及考核评价应符合的要求如下：

（1）施工现场安全管理评价应为对企业所属施工现场安全状况的考核，其内容应包括施工现场安全达标、安全文明资金保障、资质和资格管理、生产安全事故控制、设备设施选用、保险等6个评定项目。

（2）施工现场安全达标考核，企业应对所属的施工现场按现行规范标准进行检查，有一个工地未达到合格标准的，则该评定项目不应得分。

（3）施工现场安全文明资金保障，应对企业按规定落实其所属施工现场安全生产、文明施工资金的情况进行考核，有一个施工现场未将施工现场安全生产、文明施工所需资金编制计划并实施、未做到专款专用的，则该评定项目不应得分。

（4）施工现场分包资质和资格管理规定的制定以及施工现场控制情况的考核评价应符合下列要求：1）未制定对分包单位安全生产许可证、资质、资格管理及施工现场控制的要求和规定，且在总包与分包合同中未明确参建各方的安全生产责任，分包单位承接的施工任务不符合其所具有的安全资质，作业人员不符合相应的安全资格，未按规定配备项目经理、专职或兼职安全生产管理人员的，则该评定项目不应得分。2）对分包单位的监督管理，应根据具体情况评定折减分数。

（5）施工现场生产安全事故控制的隐患防治、应急预案的编制和实施情况的考核评价应符合下列要求：1）未针对施工场实际情况制定事故应急救援预案的，则该评定项目不应得分。2）对现场常见、多发或重大隐患的排查及防治措施的实施，应急救援组织和救援物资的落实，应根据具体情况评定折减分数。

（6）施工现场设备、设施、工艺管理的考核评价应符合下列要求：1）使用国家明令淘汰的设备或工艺，则该评定项目不应得分。2）使用不符合国家现行标准的且存在严重安全隐患的设施，则该评定项目不应得分。3）使用超过使用年限或存在严重隐患的机械、设备、设施、工艺的，则该评定项目不应得分。4）对其余机械、设备、设施以及安全标识的使用情况，应根据具体情况评定折减分数。5）对职业病的防治，应根据具体情况评定折减分数。

（7）施工现场保险办理情况的考核评价应符合下列要求：1）未按规定办理意外伤害保险的，则该评定项目不应得分。2）意外伤害保险的办理实施，应根据具体情况评定折减分数。

3.5.2 安全生产评价方法

根据《施工企业安全生产评价标准》JGJ/T 77—2010 规定，安全生产评价方法具体如下：

1. 施工企业每年度应至少进行一次自我考核评价。发生下列情况之一时，企业应再进行复核评价：（1）适用法律、法规发生变化时。（2）企业组织机构和体制发生重大变化后。（3）发生生产安全事故后。（4）其他影响安全生产管理的重大变化。

2. 施工企业考核自评应由企业负责人组织，各相关管理部门均应参与。

3. 评价人员应具备企业安全管理及相关专业能力，每次评价不应少于 3 人。

4. 对施工企业安全生产条件的量化评价应符合下列要求：（1）当施工企业无施工现场时，应采用本标准附录 A 中表 A-1～表 A-4 进行评价。（2）当施工企业有施工现场时，应采用本标准附录 A 中表 A-1～表 A-5 进行评价。（3）施工企业的安全生产情况应依据自评价之月起前 12 个月以来的情况，施工现场应依据自开工日起至评价时的安全管理情况。（4）施工现场评价结论，应取抽查及核验的施工现场评价结果的平均值，且其中不得有一个施工现场评价结果为不合格。

5. 抽查及核验企业在建施工现场，应符合下列要求：（1）抽查在建工程实体数量，对特级资质企业不应少于 8 个施工现场；对一级资质企业不应少于 5 个施工现场；对一级资质以下企业不应小于 3 个施工现场；企业在建工程实体少于上述规定数量的，则应全数检查。（2）核验企业所属其他在建施工现场安全管理状况，核验总数不应少于企业在建工程项目总数的 50%。

6. 抽查发生因工死亡事故的企业在建施工现场，应按事故等级或情节轻重程度，在本标准第 4.0.5 条规定的基础上分别增加 2～4 个在建工程项目；应增加核验企业在建工程项目总数的 10%～30%。

7. 对评价时无在建工程项目的企业，应在企业有在建工程项目时，再次进行跟踪评价。

8. 安全生产条件和能力评分应符合下列要求：（1）施工企业安全生产评价应按评定项目、评分标准和评分方法进行，并应符合本标准附录 A 的规定，满分分值均应为 100 分。（2）在评价施工企业安全生产条件能力时，应采用加权法计算，权重系数应符合表 3-5的规定，并应按本标准附录 B 进行评价。

权重系数　　表 3-5

评价内容			权重系数
无施工项目	1	安全生产管理	0.3
	2	安全技术管理	0.2
	3	设备和设施管理	0.2
	4	企业市场行为	0.3

续表

评价内容			权重系数
有施工项目	1+2+3+4		0.6
	5	施工现场安全管理	0.4

9. 各评分表的评分应符合下列要求：(1) 评分表的实得分数应为各评定项目实得分数之和。(2) 评分表中的各个评定项目应采用扣减分数的方法，扣减分数总和不得超过该项目的应得分数。(3) 项目遇有缺项的，其评分的实得分应为可评分项目的实得分之和与可评分项目的应得分数之和比值的百分数。

3.6 安全生产教育管理

安全生产教育管理包括基本要求、培训对象和培训时间以及安全教育档案管理。

3.6.1 基本要求

安全生产教育管理基本要求包括：

1. 施工企业安全生产教育培训应贯穿于生产经营的全过程，教育培训应包括计划编制、组织实施和人员持证审核等工作内容。

2. 施工企业安全生产教育培训计划应根据类型、对象、内容、时间安排、形式等需求进行编制。

3. 安全教育和培训的类型应包括各类上岗证书的初审、复审增训，二级教育（企业、项目、班组）、岗前教育、日常教育、年度继续教育。

4. 安全生产教育培训的对象应包括企业各管理层的负责人、管理人员、特殊工种以及新上岗、待岗复工、转岗、换岗的作业人员。

5. 施工企业的从业人员上岗应符合下列要求：(1) 企业主要负责人、项目负责人和专职安全生产管理人员必须经安全生产知识和管理能力考核合格，依法取得安全生产考核合格证书。(2) 企业的各类管理人员必须具备与岗位相适应的安全生产知识和管理能力，依法取得必要的岗位资格证书。(3) 特殊工种作业人员必须经安全技术理论和操作技能考核合格，依法取得建筑施工特种作业人员操作资格证书。

6. 施工企业新上岗操作工人必须进行岗前教育培训，教育培训应包括下列内容：(1) 安全生产法律法规和规章制度。(2) 安全操作规程。(3) 针对性的安全防范措施。(4) 违章指挥、违章作业、违反劳动纪律产生的后果。(5) 预防、减少安全风险以及紧急情况下应急救援的基本知识、方法和措施。

7. 施工企业应结合季节施工要求及安全生产形势对从业人员进行日常安全生产教育培训。

8. 施工企业每年应按规定对所有从业人员进行安全生产继续教育培训，教育培训应包括下列内容：(1) 新颁布的安全生产法律法规、安全技术标准规范和规范性文件。(2) 先进的安全生产技术和管理经验。(3) 典型事故案例分析。

9. 施工企业应定期对从业人员持证上岗情况进行审核、检查，并应及时统计、汇总从业人员的安全教育培训和资格认定等相关记录。

3.6.2 培训对象和培训时间

1. 安全类证书上岗培训（表 3-6）

安全类证书上岗培训　　表 3-6

<table>
<tr><th colspan="2">培训对象</th><th>理论培训时间</th><th>发证单位</th><th>有效期限</th></tr>
<tr><td rowspan="5">安全生产考核三类人员</td><td>建筑施工企业主要负责人</td><td rowspan="2">32 学时</td><td rowspan="5">建设行业行政主管部门</td><td rowspan="5">3 年</td></tr>
<tr><td>建筑施工企业项目负责人</td></tr>
<tr><td>机械类专职安全生产管理人员 C1</td><td rowspan="3">40 学时</td></tr>
<tr><td>土建类专职安全生产管理人员 C2</td></tr>
<tr><td>综合类专职安全生产管理人员 C3</td></tr>
<tr><td rowspan="11">特种作业人员</td><td>建筑电工</td><td rowspan="8">32 学时</td><td rowspan="8">建设行业行政主管部门</td><td rowspan="8">2 年</td></tr>
<tr><td>建筑架子工（P）</td></tr>
<tr><td>建筑起重司机（T）</td></tr>
<tr><td>建筑起重司机（S）</td></tr>
<tr><td>建筑起重司机（W）</td></tr>
<tr><td>起重设备拆装工</td></tr>
<tr><td>吊篮安装拆卸工</td></tr>
<tr><td>建筑起重信号指挥工</td></tr>
<tr><td>架子工</td><td rowspan="3">32 学时</td><td rowspan="3">安全生产监督管理部门</td><td rowspan="3">3 年</td></tr>
<tr><td>电工</td></tr>
<tr><td>焊工</td></tr>
</table>

2. 安全教育（表 3-7）

三级安全教育　　表 3-7

培训对象	培训内容	培训时间
公司级教育	（1）安全生产法律、法规。（2）事故发生的一般规律及典型事故案例。（3）预防事故的基本知识、急救措施	不少于 15 学时
工程项目（施工队）级教育	（1）各级管理部门有关安全生产的标准。（2）在施工程基本情况和必须遵守的安全事项。（3）施工用化工产品的用途，防毒、防火知识	不少于 15 学时
班组级教育	（1）本班组生产工作概况，工作性质及范围。（2）本人从事工作的性质，必要的安全知识，各种机具设备及其安全防护设施的性能和作用。（3）本工种的安全操作规程。（4）本工程容易发生事故的部位及劳动防护用品的使用要求	不少于 20 学时

3. 安全继续教育（表 3-8）

安全继续教育 **表 3-8**

人员类别	培训教育内容	培训时间
企业主要负责人	国家安全生产方针、政策和有关安全生产的法律、法规、规章及标准；安全生产管理基本知识、安全生产技术、安全生产专业知识；国内外先进的安全生产管理经验；典型事故和应急教授案例分析；其他需要培训的内容	不少于12学时
项目负责人	国家安全生产方针、政策和有关安全生产的法律、法规、规章及标准；安全生产管理基本知识、安全生产技术、安全生产专业知识，重大危险源管理、重大事故防范、应急管理、组织救援以及事故调查处理的有关规定；职业危害及其预防措施；国内外先进的安全生产管理经验；典型事故和应急救援案例分析；其他需要培训的内容	不少于16学时
专职安全生产管理人员	国家安全生产方针、政策和有关安全生产的法律、法规、规章及标准；安全生产管理、安全生产技术、职业卫生等知识；伤亡事故统计、报告及职业危害的调查处理方法；应急管理、应急预案编制以及应急处置的内容和要求；国内外先进的安全生产管理经验；典型事故和应急救援案例分析；其他需要培训的内容	不少于30学时
关键岗位管理人员	安全生产有关法律法规、安全生产方针和目标；安全生产基本知识；安全生产规章制度和劳动纪律；施工现场危险因素及危险源、危害后果及防范对策；个人防护用品的使用和维护；自救互救、急救方法和现场紧急情况的处理；岗位安全知识；有关事故案例；其他需要培训的内容	不少于20学时
特种作业人员	(1) 安全生产有关法律法规本岗位安全操作规程。(2) 安全生产规章制度、危险源辨识。(3) 个人防护技能。(4) 相关事故案例	不少于24学时
转场人员	(1) 本工程项目安全生产状况及施工条件。(2) 施工现场中危险部位的防护措施及典型事故案例。(3) 本工程项目的安全管理体系、规定及制度	不少于20学时
变换工种人员	(1) 新工作岗位或生产班组安全生产概况、工作性质和职责。(2) 新工作岗位必要的安全知识，各种机具设备及安全防护设施的性能和作用。(3) 新工作岗位、新工种的安全技术操作规程。(4) 新工作岗位容易发生事故及有毒有害的地方。(5) 新工作岗位个人防护用品的使用和保管	不少于20学时

3.6.3 安全教育档案管理

安全教育档案管理包括建立“职工安全教育卡”、教育卡的管理和考核规定。

1. 建立“职工安全教育卡”

职工的安全教育档案管理应由企业安全管理部门统一规范，为每位在职员工建立“职工安全教育卡”。

2. 教育卡的管理

教育卡的管理实行分级管理和跟踪管理，并进行职工日常安全教育，新入厂职工安全教育应符合相应规定。

(1) 分级管理：“职工安全教育卡”由职工所属的安全管理部门负责保存和管理。班组人员的“职工安全教育卡”由所属项目负责保存和管理；机关人员的“职工安全教育卡”由企业安全管理部门负责保存和管理。

(2) 跟踪管理："职工安全教育卡"实行跟踪管理，职工调动单位或变换工种时，交由职工本人带到新单位，由新单位的安全管理人员保存和管理。

(3) 职工日常安全教育：职工的日常安全教育由公司安全管理部门负责组织实施，日常安全教育结束后，安全管理部门负责在职工的"职工安全教育卡"中作出相应的记录。

(4) 新入厂职工安全教育规定：新入场职工必须按规定经公司、项目、班组三级安全教育，分别由公司安全部门、项目安全部门、班组安全员在"职工安全教育卡"中作出相应的记录并签名。

3. 考核规定

安全教育档案管理考核应符合以下规定：(1) 公司安全管理部门每月抽查"职工安全教育卡"一次。(2) 对丢失"职工安全教育卡"的部门进行相应考核。(3) 未按规定对本部门职工进行安全教育的进行相应考核。(4) 未按规定对本部门职工的安全教育情况进行登记的部门进行相应考核。

3.6.4 《建筑施工企业主要负责人、项目负责人和专职安全生产管理人员安全生产管理规定》(建设部第 17 号令)(节选)

第一章 总 则

第二条 在中华人民共和国境内从事房屋建筑和市政基础设施工程施工活动的建筑施工企业的"安管人员"，参加安全生产考核，履行安全生产责任，以及对其实施安全生产监督管理，应当符合本规定。

第三条 企业主要负责人，是指对本企业生产经营活动和安全生产工作具有决策权的领导人员。项目负责人，是指取得相应注册执业资格，由企业法定代表人授权，负责具体工程项目管理的人员。专职安全生产管理人员，是指在企业专职从事安全生产管理工作的人员，包括企业安全生产管理机构的人员和工程项目专职从事安全生产管理工作的人员。

第四条 国务院住房城乡建设主管部门负责对全国"安管人员"安全生产工作进行监督管理。县级以上地方人民政府住房城乡建设主管部门负责对本行政区域内"安管人员"安全生产工作进行监督管理。

第二章 考 核 发 证

第五条 "安管人员"应当通过其受聘企业，向企业工商注册地的省、自治区、直辖市人民政府住房城乡建设主管部门（以下简称考核机关）申请安全生产考核，并取得安全生产考核合格证书。安全生产考核不得收费。

第六条 申请参加安全生产考核的"安管人员"，应当具备相应文化程度、专业技术职称和一定安全生产工作经历，与企业确立劳动关系，并经企业年度安全生产教育培训合格。

第七条 安全生产考核包括安全生产知识考核和管理能力考核。安全生产知识考核内容包括：建筑施工安全的法律法规、规章制度、标准规范，建筑施工安全管理基本理论等。安全生产管理能力考核内容包括：建立和落实安全生产管理制度、辨识和监控危险性较大的分部分项工程、发现和消除安全事故隐患、报告和处置生产安全事故等方面的能力。

第九条 安全生产考核合格证书有效期为3年，证书在全国范围内有效。证书式样由国务院住房城乡建设主管部门统一规定。

第十条 安全生产考核合格证书有效期届满需要延续的，“安管人员”应当在有效期届满前3个月内，由本人通过受聘企业向原考核机关申请证书延续。准予证书延续的，证书有效期延续3年。对证书有效期内未因生产安全事故或者违反本规定受到行政处罚，信用档案中无不良行为记录，且已按规定参加企业和县级以上人民政府住房城乡建设主管部门组织的安全生产教育培训的，考核机关应当在受理延续申请之日起20个工作日内，准予证书延续。

第十一条 “安管人员”变更受聘企业的，应当与原聘用企业解除劳动关系，并通过新聘用企业到考核机关申请办理证书变更手续。考核机关应当在受理变更申请之日起5个工作日内办理完毕。

第十二条 “安管人员”遗失安全生产考核合格证书的，应当在公共媒体上声明作废，通过其受聘企业向原考核机关申请补办。考核机关应当在受理申请之日起5个工作日内办理完毕。

第十三条 “安管人员”不得涂改、倒卖、出租、出借或者以其他形式非法转让安全生产考核合格证书。

第三章 安　全　责　任

第十四条 主要负责人对本企业安全生产工作全面负责，应当建立健全企业安全生产管理体系，设置安全生产管理机构，配备专职安全生产管理人员，保证安全生产投入，督促检查本企业安全生产工作，及时消除安全事故隐患，落实安全生产责任。

第十五条 主要负责人应当与项目负责人签订安全生产责任书，确定项目安全生产考核目标、奖惩措施，以及企业为项目提供的安全管理和技术保障措施。工程项目实行总承包的，总承包企业应当与分包企业签订安全生产协议，明确双方安全生产责任。

第十六条 主要负责人应当按规定检查企业所承担的工程项目，考核项目负责人安全生产管理能力。发现项目负责人履职不到位的，应当责令其改正；必要时，调整项目负责人。检查情况应当记入企业和项目安全管理档案。

第十七条 项目负责人对本项目安全生产管理全面负责，应当建立项目安全生产管理体系，明确项目管理人员安全职责，落实安全生产管理制度，确保项目安全生产费用有效使用。

第十八条 项目负责人应当按规定实施项目安全生产管理，监控危险性较大分部分项工程，及时排查处理施工现场安全事故隐患，隐患排查处理情况应当记入项目安全管理档案；发生事故时，应当按规定及时报告并开展现场救援。工程项目实行总承包的，总承包企业项目负责人应当定期考核分包企业安全生产管理情况。

第十九条 企业安全生产管理机构专职安全生产管理人员应当检查在建项目安全生产管理情况，重点检查项目负责人、项目专职安全生产管理人员履责情况，处理在建项目违规违章行为，并记入企业安全管理档案。

第二十条 项目专职安全生产管理人员应当每天在施工现场开展安全检查，现场监督危险性较大的分部分项工程安全专项施工方案实施。对检查中发现的安全事故隐患，应当立即处理；不能处理的，应当及时报告项目负责人和企业安全生产管理机构。项目负责人应当及时处理。检查及处理情况应当记入项目安全管理档案。

第二十一条 建筑施工企业应当建立安全生产教育培训制度，制定年度培训计划，每年对“安管人员”进行培训和考核，考核不合格的，不得上岗。培训情况应当记入企业安全生产教育培训档案。

第二十二条 建筑施工企业安全生产管理机构和工程项目应当按规定配备相应数量和相关专业的专职安全生产管理人员。危险性较大的分部分项工程施工时，应当安排专职安全生产管理人员现场监督。

第四章 监 督 管 理

第二十三条 县级以上人民政府住房城乡建设主管部门应当依照有关法律法规和本规定，对“安管人员”持证上岗、教育培训和履行职责等情况进行监督检查。

第二十四条 县级以上人民政府住房城乡建设主管部门在实施监督检查时，应当有两名以上监督检查人员参加，不得妨碍企业正常的生产经营活动，不得索取或者收受企业的财物，不得谋取其他利益。有关企业和个人对依法进行的监督检查应当协助与配合，不得拒绝或者阻挠。

第二十五条 县级以上人民政府住房城乡建设主管部门依法进行监督检查时，发现“安管人员”有违反本规定行为的，应当依法查处并将违法事实、处理结果或者处理建议告知考核机关。

第二十六条 考核机关应当建立本行政区域内“安管人员”的信用档案。违法违规行为、被投诉举报处理、行政处罚等情况应当作为不良行为记入信用档案，并按规定向社会公开。“安管人员”及其受聘企业应当按规定向考核机关提供相关信息。

第五章 法 律 责 任

第二十七条 “安管人员”隐瞒有关情况或者提供虚假材料申请安全生产考核的，考核机关不予考核，并给予警告；“安管人员”1年内不得再次申请考核。“安管人员”以欺骗、贿赂等不正当手段取得安全生产考核合格证书的，由原考核机关撤销安全生产考核合格证书；“安管人员”3年内不得再次申请考核。

第二十八条 “安管人员”涂改、倒卖、出租、出借或者以其他形式非法转让安全生产考核合格证书的，由县级以上地方人民政府住房城乡建设主管部门给予警告，并处1000元以上5000元以下的罚款。

第二十九条 建筑施工企业未按规定开展“安管人员”安全生产教育培训考核，或者未按规定如实将考核情况记入安全生产教育培训档案的，由县级以上地方人民政府住房城乡建设主管部门责令限期改正，并处2万元以下的罚款。

第三十条 建筑施工企业有下列行为之一的，由县级以上人民政府住房城乡建设主管部门责令限期改正；逾期未改正的，责令停业整顿，并处2万元以下的罚款；导致不具备《安全生产许可证条例》规定的安全生产条件的，应当依法暂扣或者吊销安全生产许可证：

（一）未按规定设立安全生产管理机构的；（二）未按规定配备专职安全生产管理人员的；（三）危险性较大的分部分项工程施工时未安排专职安全生产管理人员现场监督的；（四）“安管人员”未取得安全生产考核合格证书的。

第三十一条 “安管人员”未按规定办理证书变更的，由县级以上地方人民政府住房城乡建设主管部门责令限期改正，并处1000元以上5000元以下的罚款。

第三十二条 主要负责人、项目负责人未按规定履行安全生产管理职责的，由县级以上人民政府住房城乡建设主管部门责令限期改正；逾期未改正的，责令建筑施工企业停业整顿；造成生产安全事故或者其他严重后果的，按照《生产安全事故报告和调查处理条例》的有关规定，依法暂扣或者吊销安全生产考核合格证书；构成犯罪的，依法追究刑事责任。主要负责人、项目负责人有前款违法行为，尚不够刑事处罚的，处2万元以上20万元以下的罚款或者按照管理权限给予撤职处分；自刑罚执行完毕或者受处分之日起，5年内不得担任建筑施工企业的主要负责人、项目负责人。

第三十三条 专职安全生产管理人员未按规定履行安全生产管理职责的，由县级以上地方人民政府住房城乡建设主管部门责令限期改正，并处1000元以上5000元以下的罚款；造成生产安全事故或者其他严重后果的，按照《生产安全事故报告和调查处理条例》的有关规定，依法暂扣或者吊销安全生产考核合格证书；构成犯罪的，依法追究刑事责任。

3.6.5 《建筑施工企业主要负责人、项目负责人和专职安全生产管理人员安全生产管理规定实施意见》(建质〔2015〕206号)

1. 企业主要负责人的范围

企业主要负责人包括法定代表人、总经理（总裁）、分管安全生产的副总经理（副总裁）、分管生产经营的副总经理（副总裁）、技术负责人、安全总监等。

2. 专职安全生产管理人员的分类

专职安全生产管理人员分为机械、土建、综合三类。机械类专职安全生产管理人员可以从事起重机械、土石方机械、桩工机械等安全生产管理工作。土建类专职安全生产管理人员可以从事除起重机械、土石方机械、桩工机械等安全生产管理工作以外的安全生产管理工作。综合类专职安全生产管理人员可以从事全部安全生产管理工作。

新申请专职安全生产管理人员安全生产考核只可以在机械、土建、综合三类中选择一类。机械类专职安全生产管理人员在参加土建类安全生产管理专业考试合格后，可以申请取得综合类专职安全生产管理人员安全生产考核合格证书。土建类专职安全生产管理人员在参加机械类安全生产管理专业考试合格后，可以申请取得综合类专职安全生产管理人员安全生产考核合格证书。

3. 申请安全生产考核应具备的条件

（1）申请建筑施工企业主要负责人安全生产考核，应当具备下列条件：1）具有相应的文化程度、专业技术职称（法定代表人除外）；2）与所在企业确立劳动关系；3）经所在企业年度安全生产教育培训合格。

（2）申请建筑施工企业项目负责人安全生产考核，应当具备下列条件：1）取得相应注册执业资格；2）与所在企业确立劳动关系；3）经所在企业年度安全生产教育培训合格。

（3）申请专职安全生产管理人员安全生产考核，应当具备下列条件：1）年龄已满18周岁未满60周岁，身体健康；2）具有中专（含高中、中技、职高）及以上文化程度或初级及以上技术职称；3）与所在企业确立劳动关系，从事施工管理工作两年以上；4）经所在企业年度安全生产教育培训合格。

4. 安全生产考核的内容与方式

安全生产考核包括安全生产知识考核和安全生产管理能力考核，安全管理人员考核要点及权重比例分配见表3-9。

建筑施工企业安全管理人员考核要点及权重比例　　表3-9

考核要点	安全管理人员类别与考核要点及权重比例				
	企业主要负责人	项目负责人	专职安全生产管理人员		
			机械类（C1）	土建类（C2）	综合类（C3）
法律法规	48	30	20	22	25
安全管理	20	25	32	22	25
安全技术	15	25	—	34	35
机械设备安全技术	—	—	40	—	—
劳动保护与事故急救	5	8	8	11	7
绿色施工与环境保护	12	12	—	11	8
合计	100	100	100	100	100

安全生产知识考核可采用书面或计算机答卷的方式；安全生产管理能力考核可采用现场实操考核或通过视频、图片等模拟现场考核方式。

机械类专职安全生产管理人员及综合类专职安全生产管理人员安全生产管理能力考核内容必须包括攀爬塔式起重机及起重机械隐患识别等。

5. 安全生产考核合格证书的样式

建筑施工企业主要负责人、项目负责人和专职安全生产管理人员的安全生产考核合格证书由住房和城乡建设部统一规定样式。主要负责人证书封皮为红色，项目负责人证书封皮为绿色，专职安全生产管理人员证书封皮为蓝色。

6. 安全生产考核合格证书的编号

建筑施工企业主要负责人、项目负责人安全生产考核合格证书编号应遵照《关于建筑施工企业主要负责人、项目负责人和专职安全生产管理人员安全生产考核合格证书有关问题的通知》（建办质〔2004〕23号）有关规定。

专职安全生产管理人员安全生产考核合格证书按照下列规定编号：

（1）机械类专职安全生产管理人员，代码为C1，编号组成：省、自治区、直辖市简称＋建安＋C1＋（证书颁发年份全称）＋证书颁发当年流水次序号（7位），如青建安C1（2023）0000001；

（2）土建类专职安全生产管理人员，代码为C2，编号组成：省、自治区、直辖市简称＋建安＋C2＋（证书颁发年份全称）＋证书颁发当年流水次序号（7位），如青建安C2（2023）0000001；

（3）综合类专职安全生产管理人员，代码为C3，编号组成：省、自治区、直辖市简称+建安+C3+（证书颁发年份全称）+证书颁发当年流水次序号（7 位），如青建安 C3（2023）0000001。

7. 安全生产考核合格证书的延续

建筑施工企业主要负责人、项目负责人和专职安全生产管理人员应当在安全生产考核合格证书有效期届满前 3 个月内，经所在企业向原考核机关申请证书延续。符合下列条件的准予证书延续：(1) 在证书有效期内未因生产安全事故或者安全生产违法违规行为受到行政处罚；(2) 信用档案中无安全生产不良行为记录；(3) 企业年度安全生产教育培训合格，且在证书有效期内参加县级以上住房城乡建设主管部门组织的安全生产教育培训时间满 24 学时。不符合证书延续条件的应当申请重新考核。不办理证书延续的，证书自动失效。

8. 安全生产考核合格证书的换发

在本意见实施前已经取得专职安全生产管理人员安全生产考核合格证书且证书在有效期内的人员，经所在企业向原考核机关提出换发证书申请，可以选择换发土建类专职安全生产管理人员安全生产考核合格证书或者机械类专职安全生产管理人员安全生产考核合格证书。

9. 安全生产考核合格证书的跨省变更

建筑施工企业主要负责人、项目负责人和专职安全生产管理人员跨省更换受聘企业的，应到原考核发证机关办理证书转出手续。原考核发证机关应为其办理包含原证书有效期限等信息的证书转出证明。建筑施工企业主要负责人、项目负责人和专职安全生产管理人员持相关证明通过新受聘企业到该企业工商注册所在地的考核发证机关办理新证书。新证书应延续原证书的有效期。

10. 专职安全生产管理人员的配备

建筑施工企业应当按照《建筑施工企业安全生产管理机构设置及专职安全生产管理人员配备办法》（建质〔2008〕91 号）的有关规定配备专职安全生产管理人员。建筑施工企业安全生产管理机构和建设工程项目中，应当既有可以从事起重机械、土石方机械、桩工机械等安全生产管理工作的专职安全生产管理人员，也有可以从事除起重机械、土石方机械、桩工机械等安全生产管理工作以外的安全生产管理工作的专职安全生产管理人员。

11. 安全生产考核合格证书的暂扣和撤销

建筑施工企业专职安全生产管理人员未按规定履行安全生产管理职责，导致发生一般生产安全事故的，考核机关应当暂扣其安全生产考核合格证书六个月以上、一年以下。建筑施工企业主要负责人、项目负责人和专职安全生产管理人员未按规定履行安全生产管理职责，导致发生较大及以上生产安全事故的，考核机关应当撤销其安全生产考核合格证书。

12. 安全生产考核费用

建筑施工企业主要负责人、项目负责人和专职安全生产管理人员安全生产考核不得收取费用，考核工作所需相关费用，由省级人民政府住房城乡建设主管部门商同级财政部门予以保障。

具体安全生产考核要点请扫右侧二维码。

安全生产考核要点

3.7 施工环境与卫生管理

施工环境与卫生管理包括环境保护岗位责任制和《建设工程施工现场环境与卫生标准》JGJ 146—2013 相关规定。

3.7.1 环境保护岗位责任制

1. 主要职能部门岗位责任

主要职能部门岗位责任包括：工会职责、项目经理部职责、质量部职责、工程部职责和技术部职责。

（1）工会职责

工会职责包括：1）负责公司环境、安全方针的宣传、教育，负责有关法律法规的宣传教育工作。2）每季度组织有关人员进行现场环境安全检查工作。

（2）项目经理部职责

项目经理部职责包括：1）是公司环境保证体系的具体落实者，负责执行公司环境安全方针和相关的法律法规。2）对环境保证体系的实施进行连续监控。3）负责项目部环境因素、重大环境因素的识别、危险源、重大安全风险的识别与评定，建立项目部环境因素台账、重大环境因素清单，危险源台账和重大安全风险清单及控制计划。4）负责建立项目环境保证管理方案、作业指导书、应急响应预案及安全技术交底。5）负责配备满足要求的各类管理人员，建立健全项目各级人员环境职责分工，明确各级人员的责任。6）组织进行三级安全教育，进行环境安全交底，进行分包方环境管理的考核和评定。7）负责配备足够的工程项目施工管理过程的环境保证资源，进行生产进度、成本的管理，保证项目环境，保证体系的运行。8）负责组织项目每月进行环境管理体系的运行自检，进行内部沟通，负责纠正措施的制定、实施与跟踪验证。

（3）质量部职责

质量部职责包括：1）负责公司环境保证体系的策划、建立与实施。2）组织编制公司环境保证体系文件。3）负责环境管理文件和记录的控制管理。4）负责公司环境管理体系的内、外部信息交流。5）负责每季度组织公司有关部门监督检查公司的体系运行情况。6）协助人力资源部组织举办环境保证体系标准、相关法律法规、专业知识和文件要求的培训或讲座。7）负责审核各部门下发的环境管理方面的文件。

（4）工程部职责

工程部职责包括：1）负责施工全过程环境保证体系的控制。2）负责环境因素的识别、评价、更新管理。3）负责公司环境目标指标管理方案的制定与实施跟踪。4）负责公司环境管理的具体运作，负责施工场界噪声的监测和控制管理。5）负责公司安全监视和测量装置管理。6）参加质量管理部组织的体系运行季度考核，重点检查环境运行控制绩效。

（5）技术部职责

技术部职责包括：1）负责获取、评价、更新公司适用的环境、安全法律法规与其他要求。2）负责组织环境、安全管理的数据收集与分析，指导进行统计技术的应用，建立和保持数据分析程序。3）负责组织环境、安全严重不合格的纠正与预防措施的制定，并跟踪验证其实施的结果。

2. 施工现场管理人员岗位职责

施工现场管理人员岗位职责包括：项目经理岗位职责、技术负责人岗位职责、环境管理员岗位职责、工长岗位职责、质量员岗位职责、试验员岗位职责、安全员岗位职责、库管员岗位职责和班组长岗位职责。

（1）项目经理岗位职责

项目经理岗位职责包括：1）负责贯彻执行国家环境方面的法律、法规、方针、政策。2）负责本项目部环境管理体系的建立、保持和实施。3）负责组织进行环境因素和危险源的识别，控制重大环境因素和安全风险。4）保障环境管理体系运行所需资源。

（2）技术负责人岗位职责

技术负责人岗位职责包括：1）对项目经理负责，贯彻实施环境方针和环境目标，协助建立、完善环境管理体系，确保其有效运行。2）负责施工过程所涉及的有关环境的法律、法规及其他要求的识别与传递。3）负责运行程序和对有关环境人员的培训、意识和能力的评价。4）负责制定纠正和预防措施，并验证结果。

（3）环境管理员岗位职责

环境管理员岗位职责包括：1）对项目经理负责，贯彻实施环境方针和环境目标，协助建立、完善环境管理体系，确保其有效运行。2）负责制定环境管理方案，并保存记录。3）负责环境管理体系文件收发工作，及时传递到有关人员手中，保证运行有效。4）负责与外部、本部门各层次之间的信息交流，并保持渠道畅通。5）负责收集整理有关记录，以备查阅。

（4）工长岗位职责

工长岗位职责包括：1）识别环境因素，并协助制定环境管理方案。2）负责对本专业人员及相关方的环境意识培训，并施加直接影响。3）保存有关活动记录以备查阅。4）及时反馈该专业所涉及的有关环保方面的信息，以便做出响应。

（5）质检员岗位职责

质检员岗位职责包括：1）遵守有关环境方面的法律法规，贯彻执行总公司的环境方针，保证目标和指标的顺利实现。2）协助识别本工程的环境因素，制定环境管理方案。3）负责工程劳务分包方对环境管理协议的履行监督工作，并施加直接影响。4）协助做好体系运行控制工作。5）协助本部门各层次人员的工作并做出响应。

（6）试验员岗位职责

试验员岗位职责包括：1）遵守有关环境方面的法律法规，贯彻执行总公司的环境方针，保证目标和指标的顺利实现。2）识别本岗位的环境因素并进行控制。3）协助本部门各层次人员的工作并做出响应。

（7）安全员岗位职责

安全员岗位职责包括：1）对项目经理负责，贯彻实施环境方针和环境目标，协助建立、完善环境管理体系，确保其有效运行。2）负责对有关环境方面法律、法规及其他要求等的识别与传递。3）负责制定环境管理方案。4）负责制定纠正和预防措施。

（8）库管员岗位职责

库管员岗位职责包括：1）遵守有关环境方面的法律法规，贯彻执行总公司的环境方针，保证目标和指标的顺利实现。2）负责对油漆类、化学危险品、油类等物资的妥善保存，并做好应急准备与响应。3）协助本部门各层次人员的工作，并做出响应。4）参加环境管理体系审核。

（9）班组长岗位职责

班组长岗位职责包括：1）遵守工地各项有关环境方面的规章制度。2）负责向职工传达有关环保方面的知识，协助做好培训工作。3）协助各层次人员工作，对异常事件做好应急准备和响应，如火灾、地震等。

3.7.2 《建设工程施工现场环境与卫生标准》JGJ 146—2013

1. 基本规定

《建设工程施工现场环境与卫生标准》JGJ 146—2013 基本规定包括以下 12 条：

（1）建设工程总承包单位应对施工现场的环境与卫生负总责，分包单位应服从总承包单位的管理。参建单位及现场人员应有维护施工现场环境与卫生的责任和义务。

（2）建设工程的环境与卫生管理应纳入施工组织设计或编制专项方案，应明确环境与卫生管理的目标和措施。

（3）施工现场应建立环境与卫生制度，落实管理责任制，应定期检查并记录。

（4）建设工程的参与建设单位应根据法律的规定，针对可能发生的环境、卫生等突发事件建立应急管理体系，制定相应的应急预案并组织演练。

（5）当施工现场发生有关环境、卫生等突发事件时，应按相关规定及时向施工现场所在地建设行政主管部门和相关部门报告，并应配合调查处置。

（6）施工人员的教育培训、考核应包括环境与卫生等有关内容。

（7）施工现场临时设施、临时道路的设置应科学合理，并应符合安全、消防、节能、环保等有关规定。施工区、材料加工及存放区应与办公区、生活区划分清楚，并应采取相应的隔离措施。

（8）施工现场应实行封闭管理，并应采用硬质围挡。市区主要路段的施工现场围挡高度不应低于 2.5m，一般路段围挡高度不应低于 1.8m，围挡应牢固、稳定、整洁。距离交通路口 20m 范围内占据道路施工设置的围挡，其 0.8m 以上部分应采用通透性围挡，并应采取交通疏导和警示措施。

（9）施工现场出入口应标有企业名称或企业标识。主要出入口明显处应设置工程概况牌，施工现场大门内应有施工现场总平面图和安全管理、环境保护与绿色施工、消防保卫等制度牌和宣传栏。

（10）施工单位应采取有效的安全防护措施。参建单位必须为施工人员提供必备的劳动防护用品，施工人员应正确使用劳动防护用品。劳动防护用品应符合现行行业标准《建筑施工作业劳动防护用品配备及使用标准》JGJ 184 的规定。

（11）有毒有害作业场所应在醒目位置设置安全警示标识，并应符合现行国家标准《工作场所职业病危害警示标识》GBZ 158 的规定，施工单位应依据有关规定对从事有职业病危害作业的人员定期进行体检和培训。

（12）施工单位应根据季节气候特点，做好施工人员的饮食卫生和防暑降温、防寒保暖、防中毒、卫生防疫等工作。

2. 绿色施工

绿色施工包括节约能源资源、大气污染防治、水土污染防治和施工噪声及光污染防治的规定。

（1）节约能源资源

节约能源资源应符合以下规定：1）施工总平面布置、临时设施的布置设计及材料选用应科学合理，节约能源。临时用电设备及器具应选用节能型产品。施工现场宜利用新能源和可再生能源。2）施工现场宜利用拟建道路路基作为临时道路路基。临时设施应利用既有建筑物、构筑物和设施。土方施工应优化施工方案，减少土方开挖和回填量。3）施工现场周转材料宜采用金属、化学合成材料等可回收再利用产品代替，并应加强保养维护，提高周转率。4）施工现场应合理安排材料进场计划，减少二次搬运，并应实行限额领料。5）施工现场办公应利用信息化管理，减少办公用品的使用及消耗。6）施工现场生产生活用水用电等资源能源的消耗应实行计量管理。7）施工现场应保护地下水资源。采取施工降水时应执行国家及当地有关水资源保护的规定，并应综合利用抽排出的地下水。8）施工现场应采用节水器具，并应设置节水标识。9）施工现场宜设置废水回收、循环再利用设施、宜对雨水进行收集利用。10）施工现场应对可回收再利用物资及时分拣、回收、再利用。

（2）大气污染防治

大气污染防治应符合以下规定：1）施工现场的主要道路要进行硬化处理。裸露的场地和堆放的土方应采取覆盖、固化或绿化等措施。2）施工现场土方作业应采取防止扬尘措施，主要道路应定期清扫、洒水。3）拆除建筑物或者构筑物时，应采用隔离、洒水等降噪、降尘措施，并及时清理废弃物。4）土方和建筑垃圾的运输必须采用封闭式运输车辆或采取覆盖措施。施工现场出口处应设置车辆冲洗设施，并应对驶出的车辆进行清洗。5）建筑物内垃圾应采用容器或搭设专用封闭式垃圾道的方式清运，严禁凌空抛掷。6）施工现场严禁焚烧各类废弃物。7）在规定区域内的施工现场应使用预拌制混凝土及预拌砂浆。采用现场搅拌混凝土或砂浆的场所应采取封闭、降尘、降噪措施。水泥和其他易飞扬的细颗粒建筑材料应密闭存放或采取覆盖等措施。8）当市政道路施工进行铣刨、切割等作业时，应采取有效的防扬尘措施。灰土和无机料应采用预拌进场，碾压过程中应洒水降尘。9）城镇、旅游景点、重点文物保护区及人口密集区的施工现场应使用清洁能源。10）施工现场的机械设备、车辆的尾气排放应符合国家环保排放标准。11）当环境空气质量指数达到中度及以上的污染时，施工现场应增加洒水频次，加强覆盖措施，减少宜造成大气污染的施工作业。

（3）水土污染防治

水土污染防治应符合以下规定：1）施工现场应设置排水管及沉淀池，施工污水应经沉淀处理达到排放标准后，方可排入市政污水管网。2）废弃的降水井应及时回填，并应封闭井口，防止污染地下水。3）施工现场临时厕所的化粪池应进行防渗漏处理。4）施工现场存放的油料和化学溶剂等物品应设置专用库房，地面应进行防渗漏处理。5）施工现场的危险废物应按国家有关规定处理，严禁填埋。

（4）施工噪声及光污染防治

施工噪声及光污染防治应符合以下规定：（1）施工现场场界噪声排放应符合现行国家标准《建筑施工场界环境噪声排放标准》GB 12523的规定。施工现场应对场界噪声排放进行监测、记录和控制，并应采取降低噪声的措施。（2）施工现场宜选用低噪声、低振动的设备，强噪声设备宜设置在远离居民区的一侧，并应采用隔声、吸声材料搭设的防护棚或屏障。（3）进入施工现场的车辆禁止鸣笛。装卸材料应轻拿轻放。（4）因生产工艺要求或其他特殊要求，确需进行夜间施工的，施工单位应加强噪声控制，并减少人为噪声。（5）施工现场应对强光作业和照明灯具采取遮挡措施，减少对周边居民和环境的影响。

3. 环境卫生

环境卫生包括对临时设施和卫生防疫的规定。

（1）临时设施

临时设施应符合以下规定：1）施工现场应设置办公室、宿舍、食堂、厕所、盥洗设施、淋浴房、开水间、文体活动室、职工夜校等临时设施。文体活动室应配备文体活动设施和用品。尚未竣工的建筑物内严禁设置宿舍。2）生活区、办公区的通道、楼梯处应设置应急疏散、逃生指示标识和应急照明灯。宿舍内宜设置烟感报警装置。3）施工现场应设置封闭式建筑垃圾站。办公区和生活区应设置封闭式垃圾容器。生活垃圾应分类存放，并应及时清运、消纳。4）施工现场应配备常用药及绷带、止血带、担架等急救器材。5）宿舍内应保证必要的生活空间，室内净高不得小于2.5m，通道宽度不得小于0.9m，宿舍人员人均面积不得小于2.5m^2，每间宿舍居住人员不得超过16人。宿舍应有专人负责管理，床头宜设置姓名卡。6）施工现场生活区宿舍、休息室必须设置可开启式外窗，床铺不得超过2层，不得使用通铺。7）施工现场宜采用集中供暖，使用炉火取暖时应采取防止一氧化碳中毒的措施。彩钢活动板房严禁使用炉火或明火取暖。8）宿舍内应有防暑降温措施。宿舍应设生活用品专柜、鞋柜或鞋架、垃圾桶等生活设施。生活区应提供晾晒衣物的场所和晾衣架。9）宿舍照明电源宜选用安全电压，采用强电照明的宜使用限流器。生活区宜单独设置手机充电柜或充电房间。10）食堂应设置在远离厕所、垃圾站、有毒有害场所等有污染源的地方。11）食堂应设置隔油池，并应定期清理。12）食堂应设置独立的制作间、储藏间，门扇下方应设不低于0.2m的防鼠挡板。制作间灶台及周边应采取易清洁、耐擦洗措施，墙面处理高度大于1.5m，地面应做硬化和防滑处理，并保持墙面、地面整洁。13）食堂应配备必要的排风和冷藏设施，宜设置通风天窗和油烟净化装置，油烟净化装置应定期清理。14）食堂宜使用电炊具。使用燃气的食堂，燃气罐应单独设置存放间并应加装燃气报警装置，存放间应通风良好并严禁存放其他物品。供气单位资质应齐全，气源应有可追溯性。15）食堂制作间的炊具宜存放在封闭的橱柜内，刀、盆、案板等炊具应生熟分开。16）食堂制作间、锅炉房、可燃材料库房及易燃易爆危险品库房等应采用单层建筑，应与宿舍和办公用房分别设置，并应按相关规定保持安全距离。临时用房内设置的食堂、库房和会议室应设在首层。17）易燃易爆危险品库房应使用不燃材料搭建，面积不应超过200m^2。18）施工现场应设置水冲式或移动式厕所，厕所地面应硬化，门窗应齐全并通风良好。侧位宜设置门及隔板，高度不应小于0.9m。19）厕所面积应根据施工人员数量设置。厕所应设专人负责，定期清扫、消毒，化粪池应及时清掏。高层建筑施工超过8层时，宜每隔4层设置临时厕所。20）淋浴间内应设置满足需要的淋浴喷头，并应设置储衣柜或挂衣架。21）施工现场应设置满足施工人员使用的盥洗设施。盥洗设施的下水管口应设置过滤网，并应与市政污水管线连接，排水应畅通。22）生活区应设置开水炉、电热水器或保温水桶，施工区应配备流动保温水桶。开水炉、电热水器、保温水桶应上锁，由专人负责管理。23）未经施工总承包单位批准，施工现场和生活区不得使用电热器具。

（2）卫生防疫

卫生防疫应符合以下规定：1）办公区和生活区应设专职或兼职保洁员，并应采取灭鼠、灭蚊蝇、灭蟑螂等措施。2）食堂应取得相关部门颁发的许可证，并应悬挂在制作间醒目位置。炊事人员必须经体检合格并持证上岗。3）炊事人员上岗应穿戴整洁的工作服、工作帽和口罩，并应保持个人卫生。非炊事人员不得随意进入食堂制作间。4）食堂的炊具、餐具和公共饮水器具应及时清洗定期消毒。5）施工现场应加强食品、原料的进货管理，建立食品、原料采购台账，保存原始采购单据。严禁购买无照、无证商贩的食品和原料。食堂应按许可范围经营，严禁销售易导致食物中毒食品和变质食品。6）生熟食品应分开加工和保管，存放成品或半成品的器皿应有耐擦洗的生熟标识。成品或半成品应遮盖，遮盖物品应有正反面标识。各种调料和副食应存放在密闭器皿内，并应有标识。7）存放食品原料的储藏间或库房应有通风、防潮、防虫、防鼠等措施，库房不得兼作他用。粮食存放台、距墙和地面应大于0.2m。8）当事故现场遇突发疫情时，应及时上报，并应按卫生防疫部门的相关规定进行处理。

3.8 劳动保护管理

劳动保护管理包括劳动防护用品管理制度、安全帽、安全带和安全网安全使用要求和建筑施工作业劳动保护用品配备及使用。

3.8.1 劳动防护用品管理制度

1. 劳动防护用品使用管理基本要求

劳动防护用品使用管理基本要求包括：（1）建立健全劳动防护用品的购买、验收、保管、发放、使用、更换、报废等管理制度，并应按照劳动防护用品的使用要求，在使用前对其防护功能进行必要的检查。（2）购买的劳动防护用品须经本单位的安全技术部门验收。（3）教育本单位劳动者按照劳动防护用品使用规则和防护要求正确使用劳动防护用品。

2. 劳动防护用品选用

劳动防护用品选用规定见表3-10。

劳动防护用品选用表 **表3-10**

作业类别编号	作业类别名称	不可使用的品类	必须使用的护品	可考虑使用的护品
A01	易燃易爆场所作业	的确良、尼龙等着火焦结的衣物；聚氯乙烯塑料鞋；底面钉铁件的鞋	棉布工作服；防静电服；防静电鞋	

续表

作业类别编号	作业类别名称	不可使用的品类	必须使用的护品	可考虑使用的护品
A02	可燃性粉尘场所作业	的确良、尼龙等着火焦结的衣物；底面钉铁件的鞋	棉布工作服；防毒口罩	防静电服；防静电鞋
A03	高温作业	的确良、尼龙等着火焦结的衣物；聚氟乙烯塑料鞋	白帆布类隔热服；耐高温鞋；防强光、紫外线、红外线护目镜或面罩	镀反射膜类隔热服；其他零星护品如披肩帽、鞋罩、围裙、袖套等
A04	低温作业	底面钉铁件的鞋	防寒服、防寒手套、防寒鞋	防寒帽、防寒工作鞋
A05	低压带电作业		绝缘手套、绝缘鞋	安全帽、防异物伤害护目镜
A06	高压带电作业		绝缘手套、绝缘鞋、安全帽	等电位工作服、防异物伤害护目镜
A07	吸入性气相毒物作业		防毒口罩	有相应滤毒罐的防毒面罩；供应空气的呼吸保护器
A08	吸入性气溶胶毒物作业		防毒口罩或防尘口罩、护发罩	防化学液眼镜；有相应滤毒罐的防毒面罩；供应空气的呼吸保护器；防毒物渗透工作服
A09	沾染性毒物作业		防化学液眼镜、防毒口罩；防毒物渗透工作服、防毒物渗透手套；护发帽	有相应滤毒罐的防毒面罩；相应的皮肤保护剂；供应空气的呼吸保护器
A10	生物性毒物作业		防毒口罩；防毒物渗透工作服、防毒物渗透手套；护发帽；防异物伤害护目镜	有相应滤毒罐的防毒面罩；相应的皮肤保护剂
A11	腐蚀性作业		防化学液眼镜、防毒口罩、防酸（碱）工作服；耐酸（碱）手套、耐酸（碱）鞋、护发帽	供应空气的呼吸保护器
A12	易污作业		防尘口罩、护发帽、一般性工作服；其他零星护品如披肩帽、鞋罩、围裙、脖套等	相应的皮肤保护剂
A13	恶味作业		一般性工作服	相应的皮肤保护剂；供应空气的呼吸保护器；护发帽
A14	密闭场所作业		供应空气的呼吸保护器	

续表

作业类别编号	作业类别名称	不可使用的品类	必须使用的护品	可考虑使用的护品
A15	噪声作业			塞栓式耳塞；耳罩
A16	强光作业		防强光、紫外线、红外线护目镜或面罩	
A17	激光作业		防激光护目镜	
A18	荧光屏作业			荧光屏作业护目镜
A19	微波作业			防微波护目镜、屏蔽服
A20	射线作业		防射线护目镜、防射线服	
A21	高处作业	底面钉铁件的鞋	安全帽、安全带	防滑工作鞋
A22	存在物体坠落、撞击的作业		安全帽、防砸安全鞋	
A23	有碎屑飞溅的作业		防异物伤害护目镜；一般性工作服	
A24	操纵转动机械	手套	护发帽、防异物伤害护目镜；一般性的工作服	
A25	人工搬运	底面钉铁件的鞋	防滑手套	安全帽、防滑工作鞋；防砸安全鞋
A26	接触使用锋利器具		一般性的工作服	防割伤手套、防砸安全鞋、防刺穿鞋
A27	地面存在尖利器物的作业		防刺穿鞋	
A28	手持振动机械作业		防射线服	
A29	人承受全身震动的作业		减震鞋	
A30	野外作业		防水工作服（包括防水鞋）	防寒帽、防寒服、防寒手套、防寒鞋、防异物伤害护目镜、防滑工作鞋
A31	水上作业		防滑工作鞋、救生衣（服）	安全带、水上作业服
A32	涉水作业		防水工作服（包括防水鞋）	
A33	潜水作业		潜水服	
A34	地下挖掘建筑作业		安全帽	防尘口罩、塞栓式耳塞、减震手套、防砸安全鞋、防水工作服（包括防水鞋）

续表

作业类别编号	作业类别名称	不可使用的品类	必须使用的护品	可考虑使用的护品
A35	车辆驾驶		一般性的工作服	防强光、紫外线、红外防异物伤害护目镜；红外线护目镜或面罩；防冲击安全头盔
A36	铲、装、吊、推机械操纵		一般性的工作服	防尘口罩；防强光、紫外线、红外线护目镜或面罩；防异物伤害护目镜；防水工作服（包括防水鞋）
A37	一般性作业			一般性的工作服
A38	其他作业			一般性的工作服

3.8.2 安全帽、安全带和安全网安全使用要求

1. 安全帽

安全帽的使用，应注意以下安全使用要求：（1）凡进入施工现场的所有人员，都必须戴安全帽。作业中不得将安全帽脱下，搁置一旁或当坐垫使用。（2）国家标准中规定戴安全帽的高度，为帽箍底边至人头顶端（以试验时木质人头模型作代表）的垂直距离为80～90mm。国家标准对安全帽最主要的要求是能够承受5000N的冲击力。（3）要正确使用安全帽，要扣好帽带，调整好帽衬间距（一般为40～50mm），勿使轻易松脱或颠动摇晃。缺衬缺带或破损的安全帽不准使用。

2. 安全带

安全带的使用，应注意以下安全使用要求：（1）使用时要高挂低用，防止摆动碰撞，绳子不能打结，钩子要挂在连接环上。当发现有异常时要立即更换，换新绳时要加绳套。使用3m以上的长绳要加缓冲器。（2）在攀登和悬空等作业中，必须系安全带并有牢靠的挂钩设施，严禁只在腰间系安全带，而不在固定的设施上拴挂钩环。（3）安全带不使用时要妥善保管，不可接触高温、明火、强酸、强碱或尖锐物体。使用频繁的绳要经常做外观检查；使用两年后要做抽检，抽验过的样带要更换新绳。

3. 安全网

安全网的使用，应注意以下安全使用要求：（1）网内不得存留建筑垃圾，网下不能堆积物，网身不能出现严重变形和磨损，以及是否会受化学品与酸、碱烟雾的污染及电焊火花的烧灼等。（2）安全网支撑架不得出现严重变形和磨损，其连接部位不得有松脱现象。网与网之间及网与支撑架之间的连接点亦不允许出现松脱。所有绑拉的绳都不能使其受严重的磨损或有变形。（3）网内的坠落物要经常清理，保持网体洁净。还要避免大量焊接或其他火星落入网内，并避免高温或蒸汽环境。当网体受到化学品的污染或网绳嵌入粗砂粒或其他可能引起磨损的异物时，即须进行清洗，洗后使其自然干燥。（4）安全网在搬运中不可使用铁钩或带尖刺的工具，以防损伤网绳。网体要存放在仓库或专用场所，并将其分

类、分批存放在架子上，不允许随意乱堆。对仓库要求具备通风、遮光、隔热、防潮、避免化学物品的侵蚀等条件。在存放过程中，亦要求对网体做定期检验，发现问题，立即处理，以确保安全。

3.9 安全生产标准化考评

根据住房和城乡建设部《建筑施工安全生产标准化考评暂行办法》规定，安全生产标准化考评包括项目考评、企业考评、奖励和惩戒。

3.9.1 项目考评

项目考评包括责任分工、自评依据、监督检查、项目自评材料主要内容和建筑施工项目安全生产标准化评定为不合格的情形。

1. 责任分工

建筑施工企业应当建立健全以项目负责人为第一责任人的项目安全生产管理体系，依法履行安全生产职责，实施项目安全生产标准化工作。建筑施工项目实行施工总承包的，施工总承包单位对项目安全生产标准化工作负总责。施工总承包单位应当组织专业承包单位等开展项目安全生产标准化工作。

2. 自评依据

工程项目应当成立由施工承包及专业承包单位等组成的项目安全生产标准化自评机构，在项目施工过程中每月主要依据《建筑施工安全检查标准》JGJ 59 等开展安全生产标准化自评工作。

3. 监督检查

项目考评监督检查应按下列要求进行：

（1）建筑施工企业安全生产管理机构应当定期对项目安全生产标准化工作进行监督检查，检查及整改情况应当纳入项目自评材料。

（2）建设监理单位应当对建筑施工企业实施的项目安全生产标准化工作进行监督并对建筑施工企业的项目自评材料进行审核并签署意见。

（3）对建筑施工项目实施安全生产监督的住房城乡建设主管部门或其委托的建筑施工安全监督机构（以下简称“项目考评主体”）负责建筑施工项目安全生产标准化考评工作。

（4）项目考评主体应当对已办理施工安全监督手续并取得施工许可证的建筑施工项目施工安全生产标准化考评。

（5）项目考评主体应当对建筑施工项目实施日常安全监督时同步开展项目考评工作，指导监督项目自评工作。

（6）项目完工后办理竣工验收前，建筑施工企业应当向项目考评主体提交项目安全生产标准化自评材料。

4. 项目自评材料主要内容

项目自评材料主要内容包括：（1）项目建设、监理、施工总承包、专业承包等单位及其项目主要负责人名单。（2）项目主要依据《建筑施工安全检查标准》JGJ 59 等进行自评结果及项目建设、监理单位审核意见。（3）项目施工期间因安全生产受到住房城乡建设主管部门奖惩情况（包括限期整改、停工整改、通报批评、行政处罚、通报表扬、表彰奖励等）。（4）项目发生生产安全责任事故情况。（5）住房城乡建设主管部门规定的其他材料。

5. 建筑施工项目安全生产标准化评定为不合格的情形

安全生产标准化评定为不合格的几种情形：（1）未按规定开展项目自评工作的。（2）发生生产安全责任事故的。（3）因项目存在安全隐患在一年内受到住房城乡建设主管部门 2 次及以上停工整改的。（4）住房城乡建设主管部门规定的其他情形。

3.9.2　企业考评

企业考评包括责任分工、企业安全生产标准化自评工作、评定机构和考评内容、企业自评材料主要内容和建筑施工企业安全生产标准化评定为不合格的情形。

1. 责任分工

建筑施工企业应当建立健全以法定代表人为第一责任人的企业安全生产管理体系，依法履行安全生产职责，实施企业安全生产标准化工作。

2. 企业安全生产标准化自评工作

评定依据建筑施工企业应当成立企业安全生产标准化自评机构，每年主要依据《施工企业安全生产评价标准》JGJ/T 77 等开展企业安全生产标准化自评工作。

3. 评定机构和考评内容

评定机构和考评内容包括：（1）对建筑施工企业颁发安全生产许可证的住房城乡建设主管部门或委托的建筑施工安全监督机构（以下简称“企业考评主体”）负责建筑施工企业的安全生产标准化考评工作。（2）企业考评主体应当对取得安全生产许可证且许可证在有效期内的建筑施工企业施工安全生产标准化考评。（3）企业考评主体应当对建筑施工企业安全生产许可证实施动态监管时同步开展企业安全生产标准化考评工作，指导监督建筑施工企业开展自评工作。（4）建筑施工企业在办理安全生产许可证延期时，应当向企业考评主体提交企业自评材料。

4. 企业自评材料主要内容

企业自评材料主要内容包括：（1）企业承建项目台账及项目考评结果。（2）企业主要依据《施工企业安全生产评价标准》JGJ/T 77 等进行自评结果。（3）企业近三年内因安全生产受到住房城乡建设主管部门奖惩情况（包括通报批评、行政处罚、通报表扬、表彰奖励等）。（4）企业承建项目发生生产安全责任事故情况。（5）省级及以上住房城乡建设主管部门规定的其他材料。

5. 建筑施工企业安全生产标准化评定为不合格的情形

建筑施工企业安全生产标准化评定为不合格的几种情形：（1）未按规定开展企业自评工作的。（2）企业近三年所承建的项目发生较大及以上生产安全责任事故的。（3）企业近三年所承建已竣工项目不合格率超过 5%的（不合格率是指企业近三年作为项目考评不合格责任主体的竣工工程数量与企业承建已竣工工程数量之比）。（4）省级及以上住房城乡建设主管部门规定的其他情形。（5）建筑施工企业在办理安全生产许可证延期时未提交企业自评材料的，视同企业考评不合格。

3.9.3 奖励和惩戒

1. 奖励

（1）建筑施工安全生产标准化考评结果作为政府相关部门进行绩效考核、信用评级、诚信评价、评先推优、投融资风险评估、保险费率浮动等重要参考依据。

（2）政府投资项目招标投标应优先选择建筑施工安全生产标准化工作业绩突出的建筑施工企业及项目负责人。

（3）住房城乡建设主管部门应当将建筑施工安全生产标准化考评情况记入安全生产信用档案。

2. 惩戒

（1）对于安全生产标准化考评不合格的建筑施工企业，住房城乡建设主管部门应当责令限期整改，在企业办理安全生产许可证延期时，复核其安全生产条件，对整改后具备安全生产条件的，安全生产标准化考评结果为“整改后合格”，核发安全生产许可证；对不再具备安全生产条件的，不予核发安全生产许可证。

（2）对于安全生产标准化考评不合格的建筑施工企业及项目，住房城乡建设主管部门应当在企业主要负责人、项目负责人办理安全生产考核合格证书延期时，责令限期重新考核，对重新考核合格的，核发安全生产考核合格证；对重新考核不合格的，不予核发安全生产考核合格证。

经安全生产标准化考评合格或优良的建筑施工企业及项目，发现有下列情形之一的，由考评主体撤销原安全生产标准化考评结果，直接评定为不合格，并对有关责任单位和责任人员依法予以处罚：1）提交的自评材料弄虚作假的。2）漏报、谎报、瞒报生产安全事故的。3）考评过程中有其他违法违规行为的。

3.10 消防安全管理

消防安全管理包括基本要求、消防安全职责、总平面布置、建筑防火、临时消防设施、可燃物及易燃易爆危险品与用火、用电、用气管理、施工现场消防安全管理问题的认定、电气焊作业和消防教育培训。

3.10.1 基本要求

消防安全管理的基本要求包括以下七个方面的内容：施工单位消防责任、消防安全管理制度、防火技术方案、应急疏散预案、消防安全教育、消防安全交底和消防检查。

1. 施工单位消防责任

（1）施工现场的消防安全管理应由施工单位负责。实行施工总承包时，应由总承包单位负责。分包单位应向总承包单位负责，并应服从总承包单位的管理，同时应承担国家法律法规规定的消防责任和义务。

（2）施工单位应根据建设项目规模、现场消防安全管理的重点，在施工现场建立消防安全管理组织机构及义务消防组织，并应确定消防安全负责人和消防安全管理人，同时应落实相关人员的消防安全管理责任。

2. 消防安全管理制度

施工单位应针对施工现场可能导致火灾发生的施工作业及其他活动，制定消防安全管理制度。消防安全管理制度应包括下列主要内容：（1）消防安全教育与培训制度。（2）可燃及易燃易爆危险品管理制度。（3）用火、用电、用气管理制度。（4）消防安全检查制度。（5）应急预案演练制度。

3. 防火技术方案

施工单位应编制施工现场防火技术方案，并应根据现场情况变化及时对其修改、完善。防火技术方案应包括下列主要内容：（1）施工现场重大火灾危险源辨识。（2）施工现场防火技术措施。（3）临时消防设施、临时疏散设施配备。（4）临时消防设施和消防警示标识布置图。

4. 应急疏散预案

施工单位应编制施工现场灭火及应急疏散预案。灭火及应急疏散预案应包括下列主要内容：（1）应急灭火处置机构及各级人员应急处置职责。（2）报警、接警处置的程序和通信联络方式。（3）扑救初起火灾的程序和措施。（4）应急疏散及救援的程序和措施。

5. 消防安全教育

施工人员进场时，施工现场的消防安全管理人员应向施工人员进行消防安全教育和培训。消防安全教育和培训应包括下列内容：（1）施工现场消防安全管理制度、防火技术方案、灭火及应急疏散预案的主要内容。（2）施工现场临时消防设施的性能及使用、维护方法。（3）扑灭初起火灾及自救逃生的知识和技能。（4）报警、接警的程序和方法。

6. 消防安全交底

施工作业前，施工现场的施工管理人员应向作业人员进行消防安全技术交底。消防安全技术交底应包括下列主要内容：（1）施工过程中可能发生火灾的部位或环节。（2）施工过程应采取的防火措施及应配备的临时消防设施。（3）初起火灾的扑救方法及注意事项。（4）逃生方法及路线。

7. 消防检查

施工过程中，施工现场的消防安全负责人应定期组织消防安全管理人员对施工现场的消防安全进行检查。消防安全检查应包括下列主要内容：（1）可燃物及易燃易爆危险品的管理是否落实。（2）动火作业的防火措施是否落实。（3）用火、用电、用气是否存在违章操作，电、气焊及保温防水施工是否执行操作。（4）临时消防设施是否完好有效。（5）临时消防车道及临时疏散设施是否畅通。（6）施工单位应依据灭火及应急疏散预案，定期开展灭火及应急疏散的演练。施工单位应做好并保存施工现场消防安全管理的相关文件和记录，并应建立现场消防安全管理档案。

3.10.2 消防安全职责

消防安全职责包括项目经理、项目消防安全管理人员、专职消防管理人员、工长、班组长及班组工人等的职责。

1. 项目经理职责

“法人单位的法定代表人和非法人单位的主要负责人是单位的消防安全责任人，对本单位的消防安全工作全面负责”。（《公安部 61 号令》第四条）

项目经理是施工项目消防安全责任人，对本项目的消防安全工作全面负责：（1）应依法履行责任，保障消防投入，切实在检查消除火灾隐患、组织扑救初起火灾、组织人员疏散逃生和消防宣传教育培训等方面提升能力。（2）施工现场确保消防设施完好有效，不得埋压、圈占、损坏消防设施。（3）要保障疏散通道、安全出口和应急通道畅通。（4）要落实每日防火巡查检查制度，及时发现和消除火灾隐患。（5）组织开展针对性的消防安全培训和应急演练。

2. 项目消防安全管理人员职责

单位可以根据需要确定本单位的消防安全管理人。消防安全管理人对单位的消防安全责任人负责，实施和组织落实消防安全管理工作（《公安部 61 号令》第七条）：（1）拟订年度消防工作计划，组织实施日常消防安全管理工作。（2）组织制定消防安全制度和保障消防安全的操作规程并检查督促其落实。（3）拟订消防安全工作的资金投入和组织保障方案。（4）组织实施防火检查和火灾隐患整改工作。（5）组织实施对本项目消防设施、灭火器材和消防安全标志的维护保养，确保其完好有效，确保疏散通道和安全出口畅通。（6）组织管理义务消防队。（7）在员工中组织开展消防知识、技能的宣传教育和培训，组织防火和应急疏散预案的实施和演练。（8）项目消防安全责任人委托的其他消防安全管理工作。

3. 专职消防管理人员职责

《公安部 61 号令》第十五条规定：单位应当确定专职或者兼职消防管理人员，专兼职消防管理人员在消防安全责任人或者消防安全管理人的领导下开展消防安全管理工作。

专兼职消防管理人员是做好消防安全的重要力量。其应当履行下列消防安全责任：（1）掌握消防安全法律、法规，了解本单位消防安全状况，及时向上级报告。（2）提请确定消防安全重点单位，提出落实消防安全管理措施的建议。（3）实施日常防火检查、巡查，及时发现火灾隐患，落实火灾隐患整改措施。（4）管理维护消防设施、灭火器材和消防安全标志。（5）组织开展消防宣传，对全体员工进行教育培训。（6）编制灭火和应急疏散预案，组织演练。（7）记录有关消防工作的开展情况，完善消防档案。（8）完成其他消防安全管理工作。

4. 工长职责

工长应当履行下列消防安全职责：（1）认真执行上级有关消防安全生产规定，对所管辖班组的消防安全生产负直接领导责任。（2）认真执行消防安全技术措施及安全操作规程，针对生产任务的特点，向班组进行书面消防保卫安全技术交底，履行签字手续，并对规程、措施、交底的执行情况实施经常检查，随时纠正现场及作业中违章、违规行为。（3）经常检查所辖班组作业环境及各种设备、设施的消防安全状况，发现问题及时纠正、解决。对重点、特殊部位施工，必须检查作业人员及设备、设施技术状况是否符合消防保卫安全要求，严格执行消防保卫安全技术交底，落实安全技术措施，并监督其认真执行，做到不违章指挥。（4）定期组织所辖班组学习消防规章制度，开展消防安全教育活动，接受安全部门或人员的消防安全监督检查，及时解决提出的安全问题。（5）对分管工程项目应用的符合审批手续的新材料、新工艺、新技术，要组织作业工人进行消防安全技术培训；若在施工中发现问题，必须立即停止使用，并上报有关部门或领导。（6）发生火灾或未遂事故要保护现场，立即上报。

5. 班组长职责

班组长应当履行下列消防安全职责：（1）认真执行消防保卫规章制度及安全操作规程，合理安排班组人员工作。（2）经常组织班组人员学习消防知识，监督班组人员正确使用个人劳动保护用品。（3）认真落实消防安全技术交底。（4）定期检查班组作业现场消防状况，发现问题及时解决。（5）发现火灾苗头，保护好现场，立即上报有关领导。

6. 班组工人职责

班组工人应当履行下列消防安全职责：（1）认真学习，严格执行消防保卫制度。（2）认真执行消防保卫安全交底，不违章作业，服从指导管理。（3）发扬团结友爱精神，在消防保卫安全生产方面做到相互帮助、互相监督，对新工人要积极传授消防保卫知识，维护一切消防设施和防护用具，做到正确使用，不得私自拆改、挪用。（4）对不利于消防安全的作业要积极提出意见，并有权拒绝违章指令。（5）严格遵守本岗位安全操作规程。（6）有权拒绝违章指挥。

3.10.3 总平面布置

1. 基本要求

（1）临时用房、临时设施的布置应满足现场防火、灭火及人员安全疏散的要求。

下列临时用房和临时设施应纳入施工现场总平面布局：1）施工现场的出入口、围墙、围挡。2）场内临时道路。3）给水管网或管路和配电线路敷设或架设的走向、高度。4）施工现场办公用房、宿舍、发电机房、变配电房、可燃材料库房、易燃易爆危险品库房、可燃材料堆场及其加工场、固定动火作业场等。5）临时消防车道、消防救援场地和消防水源。

（2）施工现场出入口的设置应满足消防车通行的要求，并宜布置在不同方向，其数量不宜少于2个。当确有困难只能设置1个出入口时，应在施工现场内设置满足消防车通行的环形道路。

（3）施工现场临时办公、生活、生产、物料存贮等功能区宜相对独立布置，防火间距应符合《建设工程施工现场消防安全技术规范》GB 50720—2011的规定。

（4）固定动火作业场应布置在可燃材料堆场及其加工场、易燃易爆危险品库房等全年最小频率风向的上风侧，并宜布置在临时办公用房、宿舍、可燃材料库房、在建工程等全年最小频率风向的上风侧。

（5）易燃易爆危险品库房应远离明火作业区、人员密集区和建筑物相对集中区。

（6）可燃材料堆场及其加工场、易燃易爆危险品库房不应布置在架空电力线下。

2. 防火间距

（1）易燃易爆危险品库房与在建工程的防火间距不应小于15m，可燃材料堆场及其加工场、固定动火作业场与在建工程的防火间距不应小于10m，其他临时用房、临时设施与在建工程的防火间距不应小于6m。

施工现场主要临时用房、临时设施的防火间距不应小于表3-11的规定，当办公用房、宿舍成组布置时，其防火间距可适当减小，但应符合下列规定：1）每组临时用房的栋数不应超过10栋，组与组间的防火间距不应小于8m。2）组内临时用房之间的防火间距不应小于3.3m，当建筑构件燃烧性能等级为A级时，其防火间距可减小到3m。

施工现场主要临时用房、临时设施的防火间距（m） 表 3-11

房间、设施	A	B	C	D	E	F	G
A	4	4	5	5	7	7	10
B	4	4	5	5	7	7	10
C	5	5	5	5	7	7	10
D	5	5	5	5	7	7	10
E	7	7	7	7	7	10	10
F	7	7	7	7	10	10	12
G	10	10	10	10	10	12	12
主要临时用房、临时设施名称：A. 办公用房、宿舍；B. 发电机房、变配电房；C. 可燃材料库房；D. 厨房操作间、锅炉房；E. 可燃材料堆场及其加工场；F. 固定动火作业场；G. 易燃易爆危险品库房							

注：1. 临时用房、临时设施的防火间距应按临时用房外墙外边线或堆场、作业场、作业棚边线间的最小距离计算，如临时用房外墙有突出可燃构件时，应从其突出可燃构件的外缘算起。

2. 两栋临时用房相邻较高一面的外墙为防火墙时，防火间距不限。

3. 本表未规定的，可按同等火灾危险性的临时用房、临时设施的防火间距确定。

3. 消防车道

消防车道的设置应符合下列要求：

（1）施工现场内应设置临时消防车道，临时消防车道与在建工程、临时用房、可燃材料堆场及其加工场的距离不宜小于 5m，且不宜大于 40m；施工现场周边道路满足消防车通行及灭火救援要求时，施工现场内可不设置临时消防车道。

临时消防车道的设置应符合下列规定：1）临时消防车道宜为环形，设置环形车道确有困难时，应在消防车道尽端设置尺寸不小于 12m×12m 的回车场。2）临时消防车道的净宽度和净空高度均不应小于 4m。3）临时消防车道的右侧应设置消防车行进路线指示标识。4）临时消防车道路基、路面及其下部设施应能承受消防车通行压力及工作荷载。

下列建筑应设置环形临时消防车道，设置环形临时消防车道确有困难时，除应符合《建设工程施工现场消防安全技术规范》GB 50720—2011 第 3. 3. 2 条的规定设置回车场外，尚应按《建设工程施工现场消防安全技术规范》GB 50720—2011 第 3. 3. 4 条的规定设置临时消防救援场地：1）建筑高度大于 24m 的在建工程。2）建筑工程单体占地面积大于 3000m^2 的在建工程。3）超过 10 栋且成组布置的临时用房。

（2）临时消防救援场地的设置应符合下列规定：1）临时消防救援场地应在在建工程装饰装修阶段设置。2）临时消防救援场地应设置在成组布置的临时用房场地的长边一侧及在建工程的长边一侧。3）临时救援场地宽度应满足消防车正常操作要求，且不应小于 6m，与在建工程外脚手架的净距不宜小于 2m，且不宜超过 6m。

3. 10. 4 建筑防火

建筑防火包括临时用房防火和在建工程防火。

1. 临时用房防火

（1）宿舍、办公用房的防火设计应符合下列规定：1）建筑构件的燃烧性能等级应为 A 级。当采用金属夹芯板材时，其芯材的燃烧性能等级应为 A 级。2）建筑层数不应超过

3层，每层建筑面积不应大于300m²。3）层数为3层或每层建筑面积大于200m²时，应设置至少2部疏散楼梯，房间疏散门至疏散楼梯的最大距离不应大于25m。4）单面布置用房时，疏散走道的净宽度不应小于1.0m；双面布置用房时，疏散走道的净宽度不应小于1.5m。5）疏散楼梯的净宽度不应小于疏散走道的净宽度。6）宿舍房间的建筑面积不应大于30m²，其他房间的建筑面积不宜大于100m²。7）房间内任一点至最近疏散门的距离不应大于15m，房门的净宽度不应小于0.8m；房间建筑面积超过50m²时，房门的净宽度不应小于1.2m。8）隔墙应从楼地面基层隔断至顶板基层底面。

（2）发电机房、变配电房、厨房操作间、锅炉房、可燃材料库房及易燃易爆危险品库房的防火设计应符合下列规定：1）建筑构件的燃烧性能等级应为A级。2）层数应为1层，建筑面积不应大于200m²。3）可燃材料库房单个房间的建筑面积不应超过30m²，易燃易爆危险品库房单个房间的建筑面积不应超过20m²。4）房间内任一点至最近疏散门的距离不应大于10m，房门的净宽度不应小于0.8m。

（3）其他防火设计应符合下列规定：1）宿舍、办公用房不应与厨房操作间、锅炉房、变配电房等组合建造。2）会议室、文化娱乐室等人员密集的房间应设置在临时用房的第一层，其疏散门应向疏散方向开启。

2. 在建工程防火

（1）在建工程作业场所的临时疏散通道应使用不燃、难燃材料建造，并应与在建工程结构施工同步设置，也可利用在建工程施工完毕的水平结构、楼梯。

在建工程作业场所临时疏散通道的设置应符合下列规定：1）耐火极限不应低于0.5h。2）设置在地面上的临时疏散通道，其净宽度不应小于1.5m；利用在建工程施工完毕的水平结构、楼梯作临时疏散通道时，其净宽度不宜小于1.0m；用于疏散的爬梯及设置在脚手架上的临时疏散通道，其净宽度不应小于0.6m。3）临时疏散通道，且坡度大于25°时，应修建楼梯或台阶踏步或设置防滑条。4）临时疏散通道不宜采用爬梯，确需采用时，采取可靠固定措施。5）临时疏散通道的侧面为临空面时，应沿临空面设置高度不小于1.2m的防护栏杆。6）临时疏散通道设置在脚手架上时，脚手架应采用不燃材料搭设。7）临时疏散通道应设置明显的疏散指示标识。8）临时疏散通道应设置照明设施。

（2）既有建筑进行扩建、改建施工时，必须明确划分施工区和非施工区。施工区不得营业、使用和居住；非施工区继续营业、使用和居住时，应符合下列规定：1）施工区和非施工区之间应采用不开设门、窗、洞口的耐火极限不低于0.3h的不燃烧体隔墙进行防火分隔。2）非施工区内的消防设施应完好和有效，疏散通道应保持畅通，并应落实日常值班及消防安全管理制度。3）施工区的消防安全应配有专人值守，发生火情应能立即处置。4）施工单位应向居住和使用者进行消防宣传教育，告知建筑消防设施、疏散通道的位置及使用方法，同时应组织疏散演练。5）外脚手架搭设不应影响安全疏散、消防车正常通行及灭火救援操作，外脚手架搭设长度不应超过该建筑物外立面周长的1/2。

（3）外脚手架、支模架的架体宜采用不燃或难燃材料搭设，下列工程的外脚手架、支模架的架体应采用不燃材料搭设：1）高层建筑。2）既有建筑改造工程。

（4）下列安全防护网应采用阻燃型安全防护网：1）高层建筑外脚手架的安全防护网。2）既有建筑外墙改造时，其外脚手架的安全防护网。3）临时疏散通道的安全防护网。

（5）作业场所应设置明显的疏散指示标志，其指示方向应指向最近的临时疏散通道入口。

（6）作业层的醒目位置应设置安全疏散示意图。

3.10.5 临时消防设施

临时消防设施的规定包括基本要求以及对灭火器、临时消防给水系统和应急照明的规定。

1. 基本要求

临时消防设施应符合以下基本要求：

（1）施工现场应设置灭火器、临时消防给水系统和应急照明等临时消防设施。

（2）临时消防设施应与在建工程的施工同步设置。房屋建筑工程中，临时消防设施的位置与在建工程主体结构施工进度的差距不应超过3层。

（3）在建工程可利用已具备使用条件的永久性消防设施作为临时消防设施。当永久消防设施无法满足使用要求时，应增设临时消防设施，并应符合《建设工程施工现场消防安全技术规范》GB 50720—2011第（二）章～第（四）章的有关规定：1）施工现场的消火栓泵应采用专用消防配电线路。专用消防配电线路应自施工现场总配电箱的总断路器上端接入，且应保持不间断供电。2）地下工程的施工作业场所宜配备防毒面具。3）临时消防给水系统的贮水池、消火栓泵、室内消防竖管及水泵接合器等应设置醒目标识。

2. 灭火器

（1）在建工程及临时用房的下列场所应配置灭火器：1）易燃易爆危险品存放及使用场所。2）动火作业场所。3）可燃材料存放、加工及使用场所。4）厨房操作间、锅炉房、发电机房、变配电房、设备用房、办公用房、宿舍等临时用房。5）其他具有火灾危险的场所。

（2）施工现场灭火器配置应符合下列规定：1）灭火器的类型应与配备场所可能发生的火灾类型相匹配。2）灭火器的最低配置标准应符合表3-12的规定。3）灭火器的配置数量应按现行国家标准《建筑灭火器配置设计规范》GB 50140的有关规定经计算确定，且每个场所的灭火器数量不应少于2具。4）灭火器的最大保护距离应符合表3-13的规定。

灭火器的最低配置标准 **表3-12**

项目	固体物质火灾		液体或可熔化固体物质火灾、气体火灾	
	单具灭火器最小灭火级别	单位灭火级别最大保护面积（m^2/A）	单具灭火器最小灭火级别	单位灭火级别最大保护面积（m^2/B）
易燃易爆危险品存放及使用场所	3A	50	89B	0.5
固定动火作业场	3A	50	89B	0.5
临时动火作业场所	2A	50	55B	0.5
可燃材料存放、加工及使用场所	2A	75	55B	1.0
厨房操作间、锅炉房	2A	75	55B	1.0
自备发电机房	2A	75	55B	1.0
变配电房	2A	75	55B	1.0
办公用房、宿舍	1A	100	—	—

灭火器的最大保护距离（m） **表 3-13**

灭火器配置场所	固体物质火灾（m）	液体或可熔化固体物质火灾、气体火灾（m）
易燃易爆危险品存放及使用场所	15	9
固定动火作业场	15	9
临时动火作业场	10	6
可燃材料存放、加工及使用场所	20	12
厨房操作间、锅炉房	20	12
发电机房、变配电房	20	12
办公用房、宿舍等	25	—

3. 临时消防给水系统

（1）施工现场或其附近应设置稳定、可靠的水源，并应能满足施工现场临时消防用水的需要。消防水源可采用市政给水管网或天然水源。当采用天然水源时，应来取确保冰冻季节、枯水期最低水位时顺利取水的措施，并应满足临时消防用水量的要求。

（2）临时消防用水量应为临时室外消防用水量与临时室内消防用水量之和。

（3）临时室外消防用水量应按临时用房和在建工程的临时室外消防用水量的较大者确定，施工现场火灾次数可按同时发生 1 次确定。

（4）临时用房建筑面积之和大于 $1000m^2$ 或在建工程单体体积大于 $10000m^3$ 时，应设置临时室外消防给水系统。当施工现场处于市政消火栓 150m 保护范围内，且市政消火栓的数量满足室外消防用水量要求时，可不设置临时室外消防给水系统。

（5）临时用房的临时室外消防用水量不应小于表 3-14 的规定。

临时用房的临时室外消防用水量 **表 3-14**

临时用房的建筑面积之和	火灾延续时间（h）	消火栓用水量（L/s）	每支水枪最小流量（L/s）
$1000m^2$＜面积≤$5000m^2$	1	10	5
面积≥$5000m^2$		15	5

（6）在建工程的临时室外消防用水量不应小于表 3-15 的规定。

在建工程的临时室外消防用水量 **表 3-15**

在建工程（单体）体积	火灾延续时间（h）	消火栓用水量（L/s）	每支水枪最小流量（L/s）
$10000m^3$＜体积≤$30000m^3$	1	15	5
体积≥$30000m^3$	2	20	5

（7）施工现场临时室外消防给水系统的设置应符合下列规定：1）给水管网宜布置成环状。2）临时室外消防给水干管的管径，应根据施工现场临时消防用水量和干管内水流计算速度计算确定，且不应小于 *DN*100。3）室外消火栓应沿在建工程、临时用房和可燃材料堆场及其加工场均匀布置。与在建工程、临时用房和可燃材料堆场及其加工场的外边线的距离不应小于 5m。4）消火栓的间距不应大于 120m。5）消火栓的最大保护半径不应大于 150m。

(8) 建筑高度大于 24m 或单体体积超过 30000m^3 的在建工程，应设置临时室内消防给水系统。

(9) 在建工程的临时室内消防用水量不应小于表 3-16 的规定。

在建工程的临时室内消防用水量　　表 3-16

建筑高度及单体体积	火灾延续时间（h）	消火栓用水量（L/s）	每支水枪最小流量（L/s）
24m＜建筑高度≤50m 30000m^3＜体积≤50000m^3	1	10	5
建筑高度＞50m 体积≥50000m^3	1	15	5

(10) 在建工程临时室内消防竖管的设置应符合下列规定：1）消防竖管的设置位置应便于消防人员操作，其数量不应少于 2 根，当结构封顶时，应将消防竖管设置成环状。2）消防竖管的管径应根据在建工程临时消防用水量、竖管内水流计算速度计算确定，且不应小于 *DN*100。

(11) 设置室内消防给水系统的在建工程，应设置消防水泵接合器。消防水泵接合器应设在室外便于消防车取水的部位，与室外消火栓或消防水池取水口的距离宜为 15～40m。

(12) 设置临时室内消防给水系统的在建工程，各结构层均应设置室内消火栓接口及消防软管接口，并应符合下列规定：1）消火栓接口及软管接口应设置在位置明显且易于操作的部位。2）消火栓接口的前端应设置截止阀。3）消火栓接口或软管接口的间距，多层建筑不应大于 50m，高层建筑不应大于 30m。

(13) 在建工程结构施工完毕的每层楼梯处应设置消防水枪、水带及软管，且每个设置点不应少于 2 套。

(14) 高度超过 100m 的在建工程，应在适当楼层增设临时中转水池及加压水泵。中转水池的有效容积不应少于 10m^3，上、下两个中转水池的高差不宜超过 100m。

(15) 临时消防给水系统的给水压力应满足消防水枪充实水柱长度不小于 10m 的要求；给水压力不能满足要求时，应设置消火栓泵，消火栓泵不应少于 2 台，且应互为备用；消火栓泵宜设置自动启动装置。

(16) 当外部消防水源不能满足施工现场的临时消防用水量要求时，应在施工现场设置临时贮水池。临时贮水池宜设置在便于消防车取水的部位，其有效容积不应小于施工现场火灾延续时间内一次灭火的全部消防用水量。

(17) 施工现场临时消防给水系统应与施工现场生产、生活给水系统合并设置，但应设置将生产、生活用水转为消防用水的应急门。应急门不应超过 2 个，且应设置在易于操作的场所，并应设置明显标识。

(18) 严寒和寒冷地区的现场临时消防给水系统应采取防冻措施。

4. 应急照明

施工现场的下列场所应配备临时应急照明：1）自备发电机房及变配电房。2）水泵房。3）无天然采光的作业场所及疏散通道。4）高度超过 100m 的在建工程的室内疏散通道。5）发生火灾时仍需坚持工作的其他场所。

作业场所应急照明的照度不应低于正常工作所需照度的90%，疏散通道的照度值不应小于0.5lx。

临时消防应急照明灯具宜选用自备电源的应急照明灯具，自备电源的连续供电时间不应小于60min。

3.10.6 可燃物及易燃易爆危险品与用火、用电、用气管理

1. 可燃物及易燃易爆危险品管理

可燃物及易燃易爆危险品管理应符合下列规定：(1) 用于在建工程的保温、防水、装饰及防腐等材料的燃烧性能等级应符合设计要求。(2) 可燃材料及易燃易爆危险品应按计划限量进场。进场后，可燃材料宜存放于库房内，露天存放时，应分类成垛堆放，垛高不应超过2m，单垛体积不应超过50m^3，垛与垛之间的最小间距不应小于2m，且应采用不燃或难燃材料覆盖；易燃易爆危险品应分类专库储存，库房内应通风良好，并应设置严禁明火标志。(3) 室内使用油漆及其有机溶剂、乙二胺、冷底子油等易挥发产生易燃气体的物资作业应保持良好通风，作业场所严禁明火，并应避免产生静电。(4) 施工产生的可燃、易燃建筑垃圾或余料，应及时清理。

2. 用火管理

施工现场用火应符合下列规定：(1) 动火作业应办理动火许可证；动火许可证的签发人收到动火申请后，应前往现场查验并确认动火作业的防火措施落实后，再签发动火许可证。(2) 动火操作人员应具有相应资格。(3) 焊接、切割、烘烤或加热等动火作业前，应对作业现场的可燃物进行清理；作业现场及其附近无法移走的可燃物应采用不燃材料对其覆盖或隔离。(4) 施工作业安排时，宜将动火作业安排在使用可燃建筑材料的施工作业前进行。确需在使用可燃建筑材料的施工作业之后进行动火作业时，应采取可靠的防火措施。(5) 裸露的可燃材料上严禁直接进行动火作业。(6) 焊接、切割、烘烤或加热等动火作业应配备灭火器材，并应设置动火监护人进行现场监护，每个动火作业点均应设置1个监护人。(7) 五级（含五级）以上风力时，应停止焊接、切割等室外动火作业；确需动火作业时，应采取可靠的挡风措施。(8) 动火作业后，应对现场进行检查，并应在确认无火灾危险后，动火操作人员再离开。(9) 具有火灾、爆炸危险的场所严禁明火。(10) 施工现场不应采用明火取暖。(11) 厨房操作间炉灶使用完毕后，应将炉火熄灭，排油烟机及油烟管道应定期清理油垢。

3. 用电管理

用电管理应符合下列规定：(1) 施工现场供用电设施的设计、施工、运行和维护应符合现行国家标准《建设工程施工现场供用电安全规范》GB 50194 的有关规定。(2) 电气线路应具有相应的绝缘强度和机械强度，严禁使用老化或失去绝缘性能的电气线路，严禁在电气线路上悬挂物品。破损、烧焦的插座、插头应及时更换。(3) 电气设备与可燃、易燃易爆危险品和腐蚀性物品应保持一定的安全距离。(4) 有爆炸和火灾危险的场所，应按危险场所等级选用相应的电气设备。(5) 配电屏上每个电气回路应设置漏电与过载保护器，距配电屏2m范围内不应堆放可燃物，5m范围内不应设置可能产生较多易燃、易爆气体、粉尘的作业区。(6) 可燃材料库房不应使用高热灯具，易燃易爆危险品库房内应使用防爆灯具。(7) 普通灯具与易燃物的距离不宜小于300mm，聚光灯、碘钨灯等高热灯

具与易燃物的距离不宜小于 500mm。（8）电气设备不应超负荷运行或带故障使用。（9）严禁私自改装现场供用电设施。（10）应定期对电气设备和线路的运行及维护情况进行检查。

4. 用气管理

施工现场用气管理应符合下列规定：（1）储装气体的罐瓶及其附件应合格、完好和有效。严禁使用减压器及其他附件缺损的氧气瓶，严禁使用乙炔专用减压器、回火防止器及其他附件缺损的乙炔瓶。（2）气瓶运输、存放、使用时，应符合下列规定：1）气瓶应保持直立状态，并采取防倾倒措施，乙炔瓶严禁横躺卧放。2）严禁碰撞、敲打、抛掷、滚动气瓶。3）气瓶应远离火源，与火源的距离不应小于 10m，并应采取避免高温和防止暴晒措施。4）燃气储装瓶罐应设置防静电装置。（3）气瓶应分类储存，库房内应通风良好；空瓶和实瓶同库存放时，应分开放置，空瓶和实瓶的间距不应小于 1.5m。（4）气瓶使用时，应符合下列规定：1）使用前，应检查气瓶及气瓶附件的完好性，检查连接气路的气密性，并采取避免气体泄漏的措施，严禁使用已老化的橡皮气管。2）氧气瓶与乙炔瓶的工作间距不应小于 5m，气瓶与明火作业点的距离不应小于 10m。3）冬季使用气瓶，气瓶的瓶阀、减压器等发生冻结时，严禁用火烘烤或用铁器敲击瓶，严禁猛拧减压器的调节螺栓。4）氧气瓶内剩余气体的压力不应小于 0.1MPa。5）气瓶用后应及时归库。

3.10.7 施工现场消防安全管理问题的认定

施工现场消防安全管理问题的认定类别包括严重违章行为和重大隐患。

1. 严重违章行为

凡有下列行为之一为严重违章：（1）施工组织设计中未编制消防方案或危险性较大的作业如防水施工、保温材料安装使用、施工暂设搭建和冷却塔的安装及其他易燃、易爆物品的使用未编制防火措施。（2）进行电焊作业、油漆粉刷或从事防水、保温材料、冷却塔安装等危险作业时，无防火要求的措施，也未进行安全交底。明火作业与防水施工、外墙保温材料等较大危险性作业进行违章交叉作业，存在较大火灾隐患的。（3）明火作业无审批手续、非焊工从事电气焊、割作业，动火前未清理易燃物。（4）施工暂设搭建未按防火规定使用非燃材料而采用易燃、可燃材料作围护结构的。（5）在建筑工程主体内设置员工集体宿舍，设置的非燃品库房内住宿人员。（6）在建筑物或库房内调配油漆、稀料。（7）将施建筑物作为仓库使用，或长期存放大量易燃、可燃材料。（8）施工现场吸烟。（9）工程内使用液化石油气钢瓶。（10）冬期施工工程内用炉火作取暖保温措施的。（11）将住宿或办公区或安全出口上锁、遮挡，或者占用、堆放物品，或者影响疏散通道畅通的。

2. 重大隐患

凡有下列问题为重大隐患：（1）施工现场未设消防车道。（2）施工现场的消防重点部位（木工加工场所、油料及其他仓库等）未配备消防器材。（3）施工现场无消防水源，或消火栓严重不足，未采取其他措施的。（4）消火栓被埋、压、圈、占。因消火栓开启工具不匹配，不能及时开启出水的。（5）施工现场进水干管直径小于 100mm，无其他措施的。（6）高度超过 24m 以上的建筑未设置消防竖管，或在正式消防给水系统投入使用前，拆除或者停用临时消防竖管的。（7）消防竖管未设置水泵结合器，或设置水泵接合器，消防车无法靠近，不能起灭火作用的。（8）消防泵的专用配电线路，未引自施工现场总断路器的上端，不能保证连续不间断供电。(9) 冬期施工消火栓、消防泵房、竖管无防冻保温措施，造成设备、管路被冻，不能出水起到灭火作用的。(10) 将安全出口上锁、遮挡，或者占用、堆放物品，或者影响疏散通道畅通的。(11) 消防设施管理、值班人员和防火巡查人员脱岗的。(12) 生活区食堂使用液化气瓶到期未检验，无安全供气协议；工程内或生产区域使用液化石油气的。

3.10.8 电气焊作业

电气焊作业要求包括电气焊作业安全交底和焊接机械基本要求。

1. 电气焊作业安全交底

电气焊作业安全交底分为一般事项交底、特殊事项交底、逃生自救事项交底和面临行政处罚交底事项。

(1) 一般事项交底应符合的要求：1) 电气焊作业人员应持证上岗。2) 动火必须开具用火证，用火证当日有效。用火地点变换，应重新办理。3) 清理可燃物，作业现场及其附近无移走的可燃物应采用不燃材料对其覆盖或隔离。4) 设专人看护，备足灭火器材和灭火用水，作业后确认无火源后方可离去。5) 五级以上风力时应停止焊接、切割等室外动火作业。

(2) 特殊事项交底应符合的要求：1) 焊、割存放过易燃易爆化学危险物品的容器或设备，在处于危险状态时，不得进行焊割。必须采取安全清洗措施后，方准进行焊割。2) 焊割等明火作业不准与防水施工、外墙保温材料、冷却塔、油漆粉刷等作业同部位、同时间上下交叉作业。3) 高层、外檐及孔洞周围作业必须有接挡、封堵措施。严禁在有火灾爆炸危险场所进行焊割作业。4) 电焊机必须设立专用地线，不准将地线搭接在建筑物、机器设备或各种管道、金属架上。5) 氧气瓶导管、软管、瓶等不得与油脂、沾油物品接触。氧气瓶和乙炔瓶应分开放置，两瓶之间工作间距不小于 5m，两瓶与明火作业距离不小于 10m，并不得倾倒和受热。

(3) 逃生自救事项交底：1) 初起火灾的扑救方法及注意事项：灭火器的使用，离操作点最近的消火栓位置及使用方法。2) 逃生方法及路线。

(4) 面临行政处罚交底事项：1) 未取得相应的特种作业操作岗位资格进行电、气焊作业的人员一律行政拘留。2) 依据《中华人民共和国消防法》第二十一条、《中华人民共和国消防法》第六十三条第二款之规定，未经施工现场防火负责人审查批准，未开具动火证，动火作业时未清除周边可燃物，未配置消防器材，未设专人监护，未在指定用火时间、地点进行电、气焊作业的一律处罚款或拘留。3) 消防监督检查中发现施工现场的消防通道、消防水源、消防设施和灭火器材等，不符合公安部《关于进一步加强建设工程施工现场消防安全工作的通知》(公消〔2009〕131 号)、住房和城乡建设部《建设工程施工现场消防安全技术规范》GB 50720—2011 等规定的消防安全条件，施工单位仍然进行施工作业的，可视为施工现场负责人指使、强令他人冒险作业，依照《中华人民共和国消防法》第六十四条第二款的规定，对施工现场负责人处 10 日以上 15 日以下拘留，可以并处 500 元以下罚款。4) 消防监督检查中发现施工现场动用明火，违反《建设工程施工现场消防安全技术规范》GB 50720—2011 有关用火、用电、用气管理规定，情节严重的，可根据《中华人民共和国消防法》第六十二条第二款的规定，处 5 日以下拘留。

2. 焊接机械基本要求

（1）焊接前必须先进行动火审查，配备灭火器材和监护人员，后开动火证。

（2）焊接设备应有完整的防护外壳，一、二次接线柱处应有保护罩。

（3）焊接操作及配合人员必须按规定穿戴劳动防护用品，并必须采取防止触电、高空坠落、中毒和火灾等事故的安全措施。

（4）现场使用的电焊机，应设有防雨、防潮、防晒、防砸的机棚，并应装设相应的消防器材。

（5）焊割现场 10m 范围内及高空作业下方，不得堆放油类、木材、氧气瓶、乙炔发生器等易燃、易爆物品。

（6）电焊机绝缘电阻不得小于 0.5MΩ，电焊机导线绝缘电阻不得小于 1MΩ，电焊机接地电阻不得大于 40MΩ。

（7）电焊机导线和接地线不得搭在易燃、易爆及带有热源的和有油的物品上；不得利用建筑物的金属结构、管道、轨道或其他金属物体搭接起来形成焊接回路，并不得将电焊机和工件双重接地；严禁使用氧气、天然气等易燃易爆气体管道作为接地装置。

（8）电焊机械的二次线应采用防水橡皮护套铜芯软电缆，电缆长度不应大于 30m，二次线接头不得超过 3 个，二次线应双线到位，不得采用金属构件或结构钢筋代替二次线的地线。当需要加长导线时，应相应增加导线的截面。当导线通过道路时，必须架高或穿入防护管内埋设在地下；当通过轨道时，必须从轨道下面通过。当导线绝缘受损或断股时，应立即更换。

（9）电焊钳应有良好的绝缘和隔热能力。电焊钳握柄必须绝缘良好，握柄与导线连接应牢靠，接触良好，连接处应采用绝缘布包好并不得外露。操作人员不得用胳膊夹持电焊钳，也不得在水中冷却电焊钳。

（10）对压力容器和装有剧毒、易燃、易爆物品的容器及带电结构严禁进行焊接和切割。

（11）当需施焊受压容器、密封容器、油桶、管道、沾有可燃气体和溶液的工件时，应先清除容器及管道内压力，消除可燃气体和溶液，然后冲洗有毒、有害、易燃物质；对存有残余油脂的容器，应先用蒸汽、碱水冲洗，并打开盖门，确认容器清洗干净后，再灌满清水方可进行焊接。在容器内焊接应采取防止触电、中毒和窒息的措施，焊、割密封容器应留出气孔，必要时在进、出气口处装设通风设备；容器内照明电压不得超过 12V，焊工与焊件间应绝缘；容器外应设专人监护。严禁在已喷涂过油漆和塑料的容器内焊接。

（12）焊接铜、铝、锌、锡等有色金属时，应通风良好，焊接人员应戴防毒面罩、呼吸滤清器或采取其他防毒措施。

（13）当预热焊件温度达 150～700℃时，应设挡板隔离焊件发出的辐射热，焊接人员应穿戴隔热的石棉服装和鞋、帽等。

（14）高空焊接或切割时，必须系好安全带，焊接周围和下方应采取防火措施，并应有专人监护。

（15）雨天不得在露天电焊。在潮湿地带作业时，操作人员应站在铺有绝缘物品的地方，并应穿绝缘鞋。

（16）应按电焊机额定焊接电流和暂载率操作，严禁过载。在运行中，应经常检查电焊机的温升，当喷漆电焊机金属外壳温升超过35℃时，必须停止运转并采取降温措施。

（17）当清除焊缝焊渣时，应戴防护眼镜，头部应避开敲击焊渣飞溅方向。

3.10.9 消防教育培训

1. 公安部《社会消防安全培训大纲》规定

（1）消防安全责任人、管理人和专职消防安全管理人员：掌握常用灭火设施、器材的种类及使用方法；掌握消防设施、器材特点、用途及检查、维护、保养的基本要求。

（2）义务消防队人员：掌握常用消防设施、器材的种类及使用方法。掌握常用消防设施、器材的种类及使用方法。

（3）保安员：掌握灭火器的种类、适用范围、使用方法、设置及日常维护保养要求。掌握消火栓工作原理、操作方法及日常维护保养要求。

（4）单位员工：掌握常用消防设施、器材的种类及使用方法。

（5）在建设工地醒目位置、施工人员集中住宿场所设置消防安全宣传栏，悬挂消防安全挂图和消防安全警示标识。

（6）对明火作业人员进行经常性的消防安全教育。

（7）施工现场每半年应组织一次灭火和应急疏散演练。

2. 总承包单位进行全员消防安全教育培训

总承包单位要组织分包单位管理人员、保安、成品保护人员以及施工人员等进行全员消防安全教育培训。教育培训应当包括：（1）有关消防法规、消防安全制度和保障消防安全的操作规程。（2）本岗位的火灾危险性和防火措施。（3）有关消防设施的性能、灭火器材的使用方法。（4）报火警、扑救初起火灾以及自救逃生的知识和技能。

3. 施工单位应落实的制度与措施

施工单位应落实电焊、气焊、电工等特殊工种作业人员持证上岗制度，电焊、气焊等危险作业前，应对作业人员进行消防安全教育，强化消防安全意识，落实危险作业施工安全措施。

4. 通过消防宣传应达到的效果

通过消防宣传，职工要做到“三知三会”，即知道本岗位的火灾危险性、知道消防安全措施、知道灭火方法；会正确报火警、会扑救初期火灾、会组织疏散人员。

3.10.10 消防资料

施工单位应建立健全消防档案。消防档案应包括消防安全基本情况和消防安全管理情况，消防档案应详实，全面反映施工单位消防工作的基本情况，并附有必要的图表，根据情况变化及时更新。施工单位应对消防档案统一保管、备查。

1. 消防安全基本资料

消防安全基本资料包括：（1）施工现场的基本情况和消防安全重点部位情况。（2）工程消防审批有关资料。（3）消防管理组织机构和各级消防安全责任人。（4）消防安全责任协议。（5）消防安全制度。（6）消防设施灭火器材情况。（7）义务消防队情况。（8）与消防有关的重点工种人员情况。（9）新增消防产品、防火材料的合格证明材料（施工现场一般是指对临建房屋围护结构的保温材料及现场使用的安全网、围网和施工保温材料的检测情况）。（10）灭火和应急疏散方案。

其中，工程消防审批有关资料包括：送审报告（施工单位加盖公章的书面申请）、《××市消防局建筑设计消防审核意见书》《××市建筑工程施工现场消防安全审核申请表》、施工现场消防安全措施方案、防火负责人和消防保卫人员名单、施工组织设计、方案和保卫消防方案。

2. 消防安全管理情况

消防安全管理情况应当包括以下内容：（1）公安消防机构填发的各种法律文书。（2）防火检查、巡查记录。（3）火灾隐患及其整改记录。（4）消防设施定期检查记录，灭火器材维修保养记录，燃气、电气设备监测（包括防雷防静电）等记录资料。（5）消防安全培训记录。措施。（6）明火作业审批手续。（7）易燃、易爆化学危险物品，防水施工、保温材料安装、使用、存放的审批手续和措施。（8）灭火和应急疏散预案的演练记录。（9）火灾情况记录。（10）消防奖惩情况记录。

4 相关法律法规

4.1 《中华人民共和国建筑法（2019 年修订版）》安全生产相关规定(节选)

（1997 年 11 月 1 日第八届全国人民代表大会常务委员会第二十八次会议通过　根据2011 年 4 月 22 日第十一届全国人民代表大会常务委员会第二十次会议《关于修改〈中华人民共和国建筑法〉的决定》第一次修正　根据 2019 年 4 月 23 日第十三届全国人民代表大会常务委员会第十次会议《关于修改〈中华人民共和国建筑法〉等八部法律的决定》第二次修正）

第一章　总　　则

第三条　建筑活动应当确保建筑工程质量和安全，符合国家的建筑工程安全标准。

第二章　建　筑　许　可

第八条　申请领取施工许可证，应当具备下列条件：

（一）已经办理该建筑工程用地批准手续；

（二）依法应当办理建设工程规划许可证的，已经取得建设工程规划许可证；

（三）需要拆迁的，其拆迁进度符合施工要求；

（四）已经确定建筑施工企业；

（五）有满足施工需要的资金安排、施工图纸及技术资料；

（六）有保证工程质量和安全的具体措施。

建设行政主管部门应当自收到申请之日起七日内，对符合条件的申请颁发施工许可证。

第五章　建筑安全生产管理

第三十六条　建筑工程安全生产管理必须坚持安全第一、预防为主的方针，建立健全安全生产的责任制度和群防群治制度。

第三十七条　建筑工程设计应当符合按照国家规定制定的建筑安全规程和技术规范，保证工程的安全性能。

第三十八条　建筑施工企业在编制施工组织设计时，应当根据建筑工程的特点制定相应的安全技术措施；对专业性较强的工程项目，应当编制专项安全施工组织设计，并采取安全技术措施。

第三十九条　建筑施工企业应当在施工现场采取维护安全、防范危险、预防火灾等措施；有条件的，应当对施工现场实行封闭管理。

施工现场对毗邻的建筑物、构筑物和特殊作业环境可能造成损害的，建筑施工企业应当采取安全防护措施。

第四十条　建设单位应当向建筑施工企业提供与施工现场相关的地下管线资料，建筑施工企业应当采取措施加以保护。

第四十一条　建筑施工企业应当遵守有关环境保护和安全生产的法律、法规的规定，采取控制和处理施工现场的各种粉尘、废气、废水、固体废物以及噪声、振动对环境的污染和危害的措施。

第四十二条 有下列情形之一的，建设单位应当按照国家有关规定办理申请批准手续：

（一）需要临时占用规划批准范围以外场地的；

（二）可能损坏道路、管线、电力、邮电通讯等公共设施的；

（三）需要临时停水、停电、中断道路交通的；

（四）需要进行爆破作业的；

（五）法律、法规规定需要办理报批手续的其他情形。

第四十三条 建设行政主管部门负责建筑安全生产的管理，并依法接受劳动行政主管部门对建筑安全生产的指导和监督。

第四十四条 建筑施工企业必须依法加强对建筑安全生产的管理，执行安全生产责任制度，采取有效措施，防止伤亡和其他安全生产事故的发生。

建筑施工企业的法定代表人对本企业的安全生产负责。

第四十五条 施工现场安全由建筑施工企业负责。实行施工总承包的，由总承包单位负责。分包单位向总承包单位负责，服从总承包单位对施工现场的安全生产管理。

第四十六条 建筑施工企业应当建立健全劳动安全生产教育培训制度，加强对职工安全生产的教育培训；未经安全生产教育培训的人员，不得上岗作业。

第四十七条 建筑施工企业和作业人员在施工过程中，应当遵守有关安全生产的法律、法规和建筑行业安全规章、规程，不得违章指挥或者违章作业。作业人员有权对影响人身健康的作业程序和作业条件提出改进意见，有权获得安全生产所需的防护用品。作业人员对危及生命安全和人身健康的行为有权提出批评、检举和控告。

第四十八条 建筑施工企业应当依法为职工参加工伤保险缴纳工伤保险费。鼓励企业为从事危险作业的职工办理意外伤害保险，支付保险费。

第四十九条 涉及建筑主体和承重结构变动的装修工程，建设单位应当在施工前委托原设计单位或者具有相应资质条件的设计单位提出设计方案；没有设计方案的，不得施工。

第五十条 房屋拆除应当由具备保证安全条件的建筑施工单位承担，由建筑施工单位负责人对安全负责。

第五十一条 施工中发生事故时，建筑施工企业应当采取紧急措施减少人员伤亡和事故损失，并按照国家有关规定及时向有关部门报告。

第七章 法 律 责 任

第七十二条 建设单位违反本法规定，要求建筑设计单位或者建筑施工企业违反建筑工程质量、安全标准，降低工程质量的，责令改正，可以处以罚款；构成犯罪的，依法追究刑事责任。

第八章 附 则

第八十一条 本法关于施工许可、建筑施工企业资质审查和建筑工程发包、承包、禁止转包，以及建筑工程监理、建筑工程安全和质量管理的规定，适用于其他专业建筑工程的建筑活动，具体办法由国务院规定。

依法核定作为文物保护的纪念建筑物和古建筑等的修缮，依照文物保护的有关法律规定执行。

抢险救灾及其他临时性房屋建筑和农民自建低层住宅的建筑活动，不适用本法。

第八十四条 军用房屋建筑工程建筑活动的具体管理办法，由国务院、中央军事委员会依据本法制定。

第八十五条 本法自1998年3月1日起施行。

4.2 《中华人民共和国安全生产法（2021年修订）》相关规定（节选）

（2002年6月29日第九届全国人民代表大会常务委员会第二十八次会议通过 根据2009年8月27日第十一届全国人民代表大会常务委员会第十次会议《关于修改部分法律的决定》第一次修正 根据2014年8月31日第十二届全国人民代表大会常务委员会第十次会议《关于修改〈中华人民共和国安全生产法〉的决定》第二次修正 根据2021年6月10日第十三届全国人民代表大会常务委员会第二十九次会议《关于修改〈中华人民共和国安全生产法〉的决定》第三次修正）

第一章 总 则

第一条 为了加强安全生产工作，防止和减少生产安全事故，保障人民群众生命和财产安全，促进经济社会持续健康发展，制定本法。

第二条 在中华人民共和国领域内从事生产经营活动的单位（以下统称生产经营单位）的安全生产，适用本法；有关法律、行政法规对消防安全和道路交通安全、铁路交通安全、水上交通安全、民用航空安全以及核与辐射安全、特种设备安全另有规定的，适用其规定。

第三条 安全生产工作坚持中国共产党的领导。

安全生产工作应当以人为本，坚持人民至上、生命至上，把保护人民生命安全摆在首位，树牢安全发展理念，坚持安全第一、预防为主、综合治理的方针，从源头上防范化解重大安全风险。

安全生产工作实行管行业必须管安全、管业务必须管安全、管生产经营必须管安全，强化和落实生产经营单位主体责任与政府监管责任，建立生产经营单位负责、职工参与、政府监管、行业自律和社会监督的机制。

第四条 生产经营单位必须遵守本法和其他有关安全生产的法律、法规，加强安全生产管理，建立健全全员安全生产责任制和安全生产规章制度，加大对安全生产资金、物资、技术、人员的投入保障力度，改善安全生产条件，加强安全生产标准化、信息化建设，构建安全风险分级管控和隐患排查治理双重预防机制，健全风险防范化解机制，提高安全生产水平，确保安全生产。

平台经济等新兴行业、领域的生产经营单位应当根据本行业、领域的特点，建立健全并落实全员安全生产责任制，加强从业人员安全生产教育和培训，履行本法和其他法律、法规规定的有关安全生产义务。

第五条 生产经营单位的主要负责人是本单位安全生产第一责任人，对本单位的安全生产工作全面负责。其他负责人对职责范围内的安全生产工作负责。

第六条 生产经营单位的从业人员有依法获得安全生产保障的权利，并应当依法履行安全生产方面的义务。

第七条 工会依法对安全生产工作进行监督。

生产经营单位的工会依法组织职工参加本单位安全生产工作的民主管理和民主监督，维护职工在安全生产方面的合法权益。生产经营单位制定或者修改有关安全生产的规章制度，应当听取工会的意见。

第十一条 国务院有关部门应当按照保障安全生产的要求，依法及时制定有关的国家标准或者行业标准，并根据科技进步和经济发展适时修订。

生产经营单位必须执行依法制定的保障安全生产的国家标准或者行业标准。

第十四条 有关协会组织依照法律、行政法规和章程，为生产经营单位提供安全生产方面的信息、培训等服务，发挥自律作用，促进生产经营单位加强安全生产管理。

第十五条 依法设立的为安全生产提供技术、管理服务的机构，依照法律、行政法规和执业准则，接受生产经营单位的委托为其安全生产工作提供技术、管理服务。

生产经营单位委托前款规定的机构提供安全生产技术、管理服务的，保证安全生产的责任仍由本单位负责。

第十六条 国家实行生产安全事故责任追究制度，依照本法和有关法律、法规的规定，追究生产安全事故责任单位和责任人员的法律责任。

第二章 生产经营单位的安全生产保障

第二十条 生产经营单位应当具备本法和有关法律、行政法规和国家标准或者行业标准规定的安全生产条件；不具备安全生产条件的，不得从事生产经营活动。

第二十一条 生产经营单位的主要负责人对本单位安全生产工作负有下列职责：

（一）建立健全并落实本单位全员安全生产责任制，加强安全生产标准化建设；

（二）组织制定并实施本单位安全生产规章制度和操作规程；

（三）组织制定并实施本单位安全生产教育和培训计划；

（四）保证本单位安全生产投入的有效实施；

（五）组织建立并落实安全风险分级管控和隐患排查治理双重预防工作机制，督促、检查本单位的安全生产工作，及时消除生产安全事故隐患；

（六）组织制定并实施本单位的生产安全事故应急救援预案；

（七）及时、如实报告生产安全事故。

第二十二条 生产经营单位的全员安全生产责任制应当明确各岗位的责任人员、责任范围和考核标准等内容。

生产经营单位应当建立相应的机制，加强对全员安全生产责任制落实情况的监督考核，保证全员安全生产责任制的落实。

第二十三条 生产经营单位应当具备的安全生产条件所必需的资金投入，由生产经营单位的决策机构、主要负责人或者个人经营的投资人予以保证，并对由于安全生产所必需的资金投入不足导致的后果承担责任。

有关生产经营单位应当按照规定提取和使用安全生产费用，专门用于改善安全生产条件。安全生产费用在成本中据实列支。安全生产费用提取、使用和监督管理的具体办法由国务院财政部门会同国务院应急管理部门征求国务院有关部门意见后制定。

第二十四条 矿山、金属冶炼、建筑施工、运输单位和危险物品的生产、经营、储存、装卸单位，应当设置安全生产管理机构或者配备专职安全生产管理人员。

前款规定以外的其他生产经营单位，从业人员超过一百人的，应当设置安全生产管理机构或者配备专职安全生产管理人员；从业人员在一百人以下的，应当配备专职或者兼职的安全生产管理人员。

第二十五条 生产经营单位的安全生产管理机构以及安全生产管理人员履行下列职责：

（一）组织或者参与拟订本单位安全生产规章制度、操作规程和生产安全事故应急救援预案；

（二）组织或者参与本单位安全生产教育和培训，如实记录安全生产教育和培训情况；

（三）组织开展危险源辨识和评估，督促落实本单位重大危险源的安全管理措施；

（四）组织或者参与本单位应急救援演练；

（五）检查本单位的安全生产状况，及时排查生产安全事故隐患，提出改进安全生产管理的建议；

（六）制止和纠正违章指挥、强令冒险作业、违反操作规程的行为；

（七）督促落实本单位安全生产整改措施。

生产经营单位可以设置专职安全生产分管负责人，协助本单位主要负责人履行安全生产管理职责。

第二十六条 生产经营单位的安全生产管理机构以及安全生产管理人员应当恪尽职守，依法履行职责。

生产经营单位作出涉及安全生产的经营决策，应当听取安全生产管理机构以及安全生产管理人员的意见。

生产经营单位不得因安全生产管理人员依法履行职责而降低其工资、福利等待遇或者解除与其订立的劳动合同。

危险物品的生产、储存单位以及矿山、金属冶炼单位的安全生产管理人员的任免，应当告知主管的负有安全生产监督管理职责的部门。

第二十七条 生产经营单位的主要负责人和安全生产管理人员必须具备与本单位所从事的生产经营活动相应的安全生产知识和管理能力。

危险物品的生产、经营、储存、装卸单位以及矿山、金属冶炼、建筑施工、运输单位的主要负责人和安全生产管理人员，应当由主管的负有安全生产监督管理职责的部门对其安全生产知识和管理能力考核合格。考核不得收费。

危险物品的生产、储存、装卸单位以及矿山、金属冶炼单位应当有注册安全工程师从事安全生产管理工作。鼓励其他生产经营单位聘用注册安全工程师从事安全生产管理工作。注册安全工程师按专业分类管理，具体办法由国务院人力资源和社会保障部门、国务院应急管理部门会同国务院有关部门制定。

第二十八条 生产经营单位应当对从业人员进行安全生产教育和培训，保证从业人员具备必要的安全生产知识，熟悉有关的安全生产规章制度和安全操作规程，掌握本岗位的安全操作技能，了解事故应急处理措施，知悉自身在安全生产方面的权利和义务。未经安全生产教育和培训合格的从业人员，不得上岗作业。

生产经营单位使用被派遣劳动者的，应当将被派遣劳动者纳入本单位从业人员统一管理，对被派遣劳动者进行岗位安全操作规程和安全操作技能的教育和培训。劳务派遣单位应当对被派遣劳动者进行必要的安全生产教育和培训。

生产经营单位接收中等职业学校、高等学校学生实习的，应当对实习学生进行相应的安全生产教育和培训，提供必要的劳动防护用品。学校应当协助生产经营单位对实习学生进行安全生产教育和培训。

生产经营单位应当建立安全生产教育和培训档案，如实记录安全生产教育和培训的时间、内容、参加人员以及考核结果等情况。

第二十九条 生产经营单位采用新工艺、新技术、新材料或者使用新设备，必须了解、掌握其安全技术特性，采取有效的安全防护措施，并对从业人员进行专门的安全生产教育和培训。

第三十条 生产经营单位的特种作业人员必须按照国家有关规定经专门的安全作业培训，取得相应资格，方可上岗作业。

特种作业人员的范围由国务院应急管理部门会同国务院有关部门确定。

第三十一条 生产经营单位新建、改建、扩建工程项目（以下统称建设项目）的安全设施，必须与主体工程同时设计、同时施工、同时投入生产和使用。安全设施投资应当纳入建设项目概算。

第三十三条 建设项目安全设施的设计人、设计单位应当对安全设施设计负责。

第三十五条 生产经营单位应当在有较大危险因素的生产经营场所和有关设施、设备上，设置明显的安全警示标志。

第三十六条 安全设备的设计、制造、安装、使用、检测、维修、改造和报废，应当符合国家标准或者行业标准。

生产经营单位必须对安全设备进行经常性维护、保养，并定期检测，保证正常运转。维护、保养、检测应当作好记录，并由有关人员签字。

生产经营单位不得关闭、破坏直接关系生产安全的监控、报警、防护、救生设备、设施，或者篡改、隐瞒、销毁其相关数据、信息。

第三十八条 国家对严重危及生产安全的工艺、设备实行淘汰制度，具体目录由国务院应急管理部门会同国务院有关部门制定并公布。法律、行政法规对目录的制定另有规定的，适用其规定。

省、自治区、直辖市人民政府可以根据本地区实际情况制定并公布具体目录，对前款规定以外的危及生产安全的工艺、设备予以淘汰。

生产经营单位不得使用应当淘汰的危及生产安全的工艺、设备。

第四十一条 生产经营单位应当建立安全风险分级管控制度，按照安全风险分级采取相应的管控措施。

生产经营单位应当建立健全并落实生产安全事故隐患排查治理制度，采取技术、管理措施，及时发现并消除事故隐患。事故隐患排查治理情况应当如实记录，并通过职工大会或者职工代表大会、信息公示栏等方式向从业人员通报。其中，重大事故隐患排查治理情况应当及时向负有安全生产监督管理职责的部门和职工大会或者职工代表大会报告。

县级以上地方各级人民政府负有安全生产监督管理职责的部门应当将重大事故隐患纳入相关信息系统，建立健全重大事故隐患治理督办制度，督促生产经营单位消除重大事故隐患。

第四十二条 生产、经营、储存、使用危险物品的车间、商店、仓库不得与员工宿舍在同一座建筑物内，并应当与员工宿舍保持安全距离。

生产经营场所和员工宿舍应当设有符合紧急疏散要求、标志明显、保持畅通的出口、疏散通道。禁止占用、锁闭、封堵生产经营场所或者员工宿舍的出口、疏散通道。

第四十三条 生产经营单位进行爆破、吊装、动火、临时用电以及国务院应急管理部门会同国务院有关部门规定的其他危险作业，应当安排专门人员进行现场安全管理，确保操作规程的遵守和安全措施的落实。

第四十四条 生产经营单位应当教育和督促从业人员严格执行本单位的安全生产规章制度和安全操作规程；并向从业人员如实告知作业场所和工作岗位存在的危险因素、防范措施以及事故应急措施。

生产经营单位应当关注从业人员的身体、心理状况和行为习惯，加强对从业人员的心理疏导、精神慰藉，严格落实岗位安全生产责任，防范从业人员行为异常导致事故发生。

第四十五条 生产经营单位必须为从业人员提供符合国家标准或者行业标准的劳动防护用品，并监督、教育从业人员按照使用规则佩戴、使用。

第四十六条 生产经营单位的安全生产管理人员应当根据本单位的生产经营特点，对安全生产状况进行经常性检查；对检查中发现的安全问题，应当立即处理；不能处理的，应当及时报告本单位有关负责人，有关负责人应当及时处理。检查及处理情况应当如实记录在案。

生产经营单位的安全生产管理人员在检查中发现重大事故隐患，依照前款规定向本单位有关负责人报告，有关负责人不及时处理的，安全生产管理人员可以向主管的负有安全生产监督管理职责的部门报告，接到报告的部门应当依法及时处理。

第四十七条 生产经营单位应当安排用于配备劳动防护用品、进行安全生产培训的经费。

第四十八条 两个以上生产经营单位在同一作业区域内进行生产经营活动，可能危及对方生产安全的，应当签订安全生产管理协议，明确各自的安全生产管理职责和应当采取的安全措施，并指定专职安全生产管理人员进行安全检查与协调。

第五十条 生产经营单位发生生产安全事故时，单位的主要负责人应当立即组织抢救，并不得在事故调查处理期间擅离职守。

第五十一条 生产经营单位必须依法参加工伤保险，为从业人员缴纳保险费。

国家鼓励生产经营单位投保安全生产责任保险；属于国家规定的高危行业、领域的生产经营单位，应当投保安全生产责任保险。

第三章 从业人员的安全生产权利义务

第五十二条 生产经营单位与从业人员订立的劳动合同，应当载明有关保障从业人员劳动安全、防止职业危害的事项，以及依法为从业人员办理工伤保险的事项。

生产经营单位不得以任何形式与从业人员订立协议，免除或者减轻其对从业人员因生产安全事故伤亡依法应承担的责任。

第五十三条 生产经营单位的从业人员有权了解其作业场所和工作岗位存在的危险因素、防范措施及事故应急措施，有权对本单位的安全生产工作提出建议。

第五十四条 从业人员有权对本单位安全生产工作中存在的问题提出批评、检举、控告；有权拒绝违章指挥和强令冒险作业。

生产经营单位不得因从业人员对本单位安全生产工作提出批评、检举、控告或者拒绝违章指挥、强令冒险作业而降低其工资、福利等待遇或者解除与其订立的劳动合同。

第五十五条 从业人员发现直接危及人身安全的紧急情况时，有权停止作业或者在采取可能的应急措施后撤离作业场所。

生产经营单位不得因从业人员在前款紧急情况下停止作业或者采取紧急撤离措施而降低其工资、福利等待遇或者解除与其订立的劳动合同。

第五十六条 生产经营单位发生生产安全事故后，应当及时采取措施救治有关人员。

因生产安全事故受到损害的从业人员，除依法享有工伤保险外，依照有关民事法律尚有获得赔偿的权利的，有权提出赔偿要求。

第五十七条 从业人员在作业过程中，应当严格落实岗位安全责任，遵守本单位的安全生产规章制度和操作规程，服从管理，正确佩戴和使用劳动防护用品。

第五十八条 从业人员应当接受安全生产教育和培训，掌握本职工作所需的安全生产知识，提高安全生产技能，增强事故预防和应急处理能力。

第五十九条 从业人员发现事故隐患或者其他不安全因素，应当立即向现场安全生产管理人员或者本单位负责人报告；接到报告的人员应当及时予以处理。

第六十条 工会有权对建设项目的安全设施与主体工程同时设计、同时施工、同时投入生产和使用进行监督，提出意见。

工会对生产经营单位违反安全生产法律、法规，侵犯从业人员合法权益的行为，有权要求纠正；发现生产经营单位违章指挥、强令冒险作业或者发现事故隐患时，有权提出解决的建议，生产经营单位应当及时研究答复；发现危及从业人员生命安全的情况时，有权向生产经营单位建议组织从业人员撤离危险场所，生产经营单位必须立即作出处理。

工会有权依法参加事故调查，向有关部门提出处理意见，并要求追究有关人员的责任。

第六十一条 生产经营单位使用被派遣劳动者的，被派遣劳动者享有本法规定的从业人员的权利，并应当履行本法规定的从业人员的义务。

第四章 安全生产的监督管理

第六十二条 县级以上地方各级人民政府应当根据本行政区域内的安全生产状况，组织有关部门按照职责分工，对本行政区域内容易发生重大生产安全事故的生产经营单位进行严格检查。

应急管理部门应当按照分类分级监督管理的要求，制定安全生产年度监督检查计划，并按照年度监督检查计划进行监督检查，发现事故隐患，应当及时处理。

第六十四条 负有安全生产监督管理职责的部门对涉及安全生产的事项进行审查、验收，不得收取费用；不得要求接受审查、验收的单位购买其指定品牌或者指定生产、销售单位的安全设备、器材或者其他产品。

第六十六条 生产经营单位对负有安全生产监督管理职责的部门的监督检查人员（以下统称安全生产监督检查人员）依法履行监督检查职责，应当予以配合，不得拒绝、阻挠。

第七十二条 承担安全评价、认证、检测、检验职责的机构应当具备国家规定的资质条件，并对其作出的安全评价、认证、检测、检验结果的合法性、真实性负责。资质条件由国务院应急管理部门会同国务院有关部门制定。

承担安全评价、认证、检测、检验职责的机构应当建立并实施服务公开和报告公开制度，不得租借资质、挂靠、出具虚假报告。

第七十四条 任何单位或者个人对事故隐患或者安全生产违法行为，均有权向负有安全生产监督管理职责的部门报告或者举报。

因安全生产违法行为造成重大事故隐患或者导致重大事故，致使国家利益或者社会公共利益受到侵害的，人民检察院可以根据民事诉讼法、行政诉讼法的相关规定提起公益诉讼。

第五章 生产安全事故的应急救援与调查处理

第八十条 县级以上地方各级人民政府应当组织有关部门制定本行政区域内生产安全事故应急救援预案，建立应急救援体系。

乡镇人民政府和街道办事处，以及开发区、工业园区、港区、风景区等应当制定相应的生产安全事故应急救援预案，协助人民政府有关部门或者按照授权依法履行生产安全事故应急救援工作职责。

第八十一条 生产经营单位应当制定本单位生产安全事故应急救援预案，与所在地县级以上地方人民政府组织制定的生产安全事故应急救援预案相衔接，并定期组织演练。

第八十二条 危险物品的生产、经营、储存单位以及矿山、金属冶炼、城市轨道交通运营、建筑施工单位应当建立应急救援组织；生产经营规模较小的，可以不建立应急救援组织，但应当指定兼职的应急救援人员。

危险物品的生产、经营、储存、运输单位以及矿山、金属冶炼、城市轨道交通运营、建筑施工单位应当配备必要的应急救援器材、设备和物资，并进行经常性维护、保养，保证正常运转。

第八十三条 生产经营单位发生生产安全事故后，事故现场有关人员应当立即报告本单位负责人。

单位负责人接到事故报告后，应当迅速采取有效措施，组织抢救，防止事故扩大，减少人员伤亡和财产损失，并按照国家有关规定立即如实报告当地负有安全生产监督管理职责的部门，不得隐瞒不报、谎报或者迟报，不得故意破坏事故现场、毁灭有关证据。

第八十七条 生产经营单位发生生产安全事故，经调查确定为责任事故的，除了应当查明事故单位的责任并依法予以追究外，还应当查明对安全生产的有关事项负有审查批准和监督职责的行政部门的责任，对有失职、渎职行为的，依照本法第九十条的规定追究法律责任。

第八十八条 任何单位和个人不得阻挠和干涉对事故的依法调查处理。

第八十九条 县级以上地方各级人民政府应急管理部门应当定期统计分析本行政区域内发生生产安全事故的情况，并定期向社会公布。

第六章 法律责任

第九十二条 承担安全评价、认证、检测、检验职责的机构出具失实报告的，责令停业整顿，并处三万元以上十万元以下的罚款；给他人造成损害的，依法承担赔偿责任。

承担安全评价、认证、检测、检验职责的机构租借资质、挂靠、出具虚假报告的，没收违法所得；违法所得在十万元以上的，并处违法所得二倍以上五倍以下的罚款，没有违法所得或者违法所得不足十万元的，单处或者并处十万元以上二十万元以下的罚款；对其直接负责的主管人员和其他直接责任人员处五万元以上十万元以下的罚款；给他人造成损害的，与生产经营单位承担连带赔偿责任；构成犯罪的，依照刑法有关规定追究刑事责任。

对有前款违法行为的机构及其直接责任人员，吊销其相应资质和资格，五年内不得从事安全评价、认证、检测、检验等工作；情节严重的，实行终身行业和职业禁入。

第九十三条 生产经营单位的决策机构、主要负责人或者个人经营的投资人不依照本法规定保证安全生产所必需的资金投入，致使生产经营单位不具备安全生产条件的，责令限期改正，提供必需的资金；逾期未改正的，责令生产经营单位停产停业整顿。

有前款违法行为，导致发生生产安全事故的，对生产经营单位的主要负责人给予撤职处分，对个人经营的投资人处二万元以上二十万元以下的罚款；构成犯罪的，依照刑法有关规定追究刑事责任。

第九十四条 生产经营单位的主要负责人未履行本法规定的安全生产管理职责的，责令限期改正，处二万元以上五万元以下的罚款；逾期未改正的，处五万元以上十万元以下的罚款，责令生产经营单位停产停业整顿。

生产经营单位的主要负责人有前款违法行为，导致发生生产安全事故的，给予撤职处分；构成犯罪的，依照刑法有关规定追究刑事责任。

生产经营单位的主要负责人依照前款规定受刑事处罚或者撤职处分的，自刑罚执行完毕或者受处分之日起，五年内不得担任任何生产经营单位的主要负责人；对重大、特别重大生产安全事故负有责任的，终身不得担任本行业生产经营单位的主要负责人。

第九十五条 生产经营单位的主要负责人未履行本法规定的安全生产管理职责，导致发生生产安全事故的，由应急管理部门依照下列规定处以罚款：

（一）发生一般事故的，处上一年年收入百分之四十的罚款；

（二）发生较大事故的，处上一年年收入百分之六十的罚款；

（三）发生重大事故的，处上一年年收入百分之八十的罚款；

（四）发生特别重大事故的，处上一年年收入百分之一百的罚款。

第九十六条 生产经营单位的其他负责人和安全生产管理人员未履行本法规定的安全生产管理职责的，责令限期改正，处一万元以上三万元以下的罚款；导致发生生产安全事故的，暂停或者吊销其与安全生产有关的资格，并处上一年年收入百分之二十以上百分之五十以下的罚款；构成犯罪的，依照刑法有关规定追究刑事责任。

第九十七条 生产经营单位有下列行为之一的，责令限期改正，处十万元以下的罚款；逾期未改正的，责令停产停业整顿，并处十万元以上二十万元以下的罚款，对其直接负责的主管人员和其他直接责任人员处二万元以上五万元以下的罚款：

（一）未按照规定设置安全生产管理机构或者配备安全生产管理人员、注册安全工程师的；

（二）危险物品的生产、经营、储存、装卸单位以及矿山、金属冶炼、建筑施工、运输单位的主要负责人和安全生产管理人员未按照规定经考核合格的；

（三）未按照规定对从业人员、被派遣劳动者、实习学生进行安全生产教育和培训，或者未按照规定如实告知有关的安全生产事项的；

（四）未如实记录安全生产教育和培训情况的；

（五）未将事故隐患排查治理情况如实记录或者未向从业人员通报的；

（六）未按照规定制定生产安全事故应急救援预案或者未定期组织演练的；

（七）特种作业人员未按照规定经专门的安全作业培训并取得相应资格，上岗作业的。

第九十九条 生产经营单位有下列行为之一的，责令限期改正，处五万元以下的罚款；逾期未改正的，处五万元以上二十万元以下的罚款，对其直接负责的主管人员和其他直接责任人员处一万元以上二万元以下的罚款；情节严重的，责令停产停业整顿；构成犯罪的，依照刑法有关规定追究刑事责任：

（一）未在有较大危险因素的生产经营场所和有关设施、设备上设置明显的安全警示标志的；

（二）安全设备的安装、使用、检测、改造和报废不符合国家标准或者行业标准的；

（三）未对安全设备进行经常性维护、保养和定期检测的；

（四）关闭、破坏直接关系生产安全的监控、报警、防护、救生设备、设施，或者篡改、隐瞒、销毁其相关数据、信息的；

（五）未为从业人员提供符合国家标准或者行业标准的劳动防护用品的；

（六）危险物品的容器、运输工具，以及涉及人身安全、危险性较大的海洋石油开采特种设备和矿山井下特种设备未经具有专业资质的机构检测、检验合格，取得安全使用证或者安全标志，投入使用的；

（七）使用应当淘汰的危及生产安全的工艺、设备的；

（八）餐饮等行业的生产经营单位使用燃气未安装可燃气体报警装置的。

第一百零二条 生产经营单位未采取措施消除事故隐患的，责令立即消除或者限期消除，处五万元以下的罚款；生产经营单位拒不执行的，责令停产停业整顿，对其直接负责的主管人员和其他直接责任人员处五万元以上十万元以下的罚款；构成犯罪的，依照刑法有关规定追究刑事责任。

第一百零四条 两个以上生产经营单位在同一作业区域内进行可能危及对方安全生产的生产经营活动，未签订安全生产管理协议或者未指定专职安全生产管理人员进行安全检查与协调的，责令限期改正，处五万元以下的罚款，对其直接负责的主管人员和其他直接责任人员处一万元以下的罚款；逾期未改正的，责令停产停业。

第一百零五条 生产经营单位有下列行为之一的，责令限期改正，处五万元以下的罚款，对其直接负责的主管人员和其他直接责任人员处一万元以下的罚款；逾期未改正的，责令停产停业整顿；构成犯罪的，依照刑法有关规定追究刑事责任：

（一）生产、经营、储存、使用危险物品的车间、商店、仓库与员工宿舍在同一座建筑内，或者与员工宿舍的距离不符合安全要求的；

（二）生产经营场所和员工宿舍未设有符合紧急疏散需要、标志明显、保持畅通的出口、疏散通道，或者占用、锁闭、封堵生产经营场所或者员工宿舍出口、疏散通道的。

第一百零六条 生产经营单位与从业人员订立协议，免除或者减轻其对从业人员因生产安全事故伤亡依法应承担的责任的，该协议无效；对生产经营单位的主要负责人、个人经营的投资人处二万元以上十万元以下的罚款。

第一百零七条 生产经营单位的从业人员不落实岗位安全责任，不服从管理，违反安全生产规章制度或者操作规程的，由生产经营单位给予批评教育，依照有关规章制度给予处分；构成犯罪的，依照刑法有关规定追究刑事责任。

第一百零八条 违反本法规定，生产经营单位拒绝、阻碍负有安全生产监督管理职责的部门依法实施监督检查的，责令改正；拒不改正的，处二万元以上二十万元以下的罚款；对其直接负责的主管人员和其他直接责任人员处一万元以上二万元以下的罚款；构成犯罪的，依照刑法有关规定追究刑事责任。

第一百零九条 高危行业、领域的生产经营单位未按照国家规定投保安全生产责任保险的，责令限期改正，处五万元以上十万元以下的罚款；逾期未改正的，处十万元以上二十万元以下的罚款。

第一百一十条 生产经营单位的主要负责人在本单位发生生产安全事故时，不立即组织抢救或者在事故调查处理期间擅离职守或者逃匿的，给予降级、撤职的处分，并由应急管理部门处上一年年收入百分之六十至百分之一百的罚款；对逃匿的处十五日以下拘留；构成犯罪的，依照刑法有关规定追究刑事责任。

生产经营单位的主要负责人对生产安全事故隐瞒不报、谎报或者迟报的，依照前款规定处罚。

第一百一十二条 生产经营单位违反本法规定，被责令改正且受到罚款处罚，拒不改正的，负有安全生产监督管理职责的部门可以自作出责令改正之日的次日起，按照原处罚数额按日连续处罚。

第一百一十三条 生产经营单位存在下列情形之一的，负有安全生产监督管理职责的部门应当提请地方人民政府予以关闭，有关部门应当依法吊销其有关证照。生产经营单位主要负责人五年内不得担任任何生产经营单位的主要负责人；情节严重的，终身不得担任本行业生产经营单位的主要负责人：

（一）存在重大事故隐患，一百八十日内三次或者一年内四次受到本法规定的行政处罚的；

（二）经停产停业整顿，仍不具备法律、行政法规和国家标准或者行业标准规定的安全生产条件的；

（三）不具备法律、行政法规和国家标准或者行业标准规定的安全生产条件，导致发生重大、特别重大生产安全事故的；

（四）拒不执行负有安全生产监督管理职责的部门作出的停产停业整顿决定的。

第一百一十四条 发生生产安全事故，对负有责任的生产经营单位除要求其依法承担相应的赔偿等责任外，由应急管理部门依照下列规定处以罚款：

（一）发生一般事故的，处三十万元以上一百万元以下的罚款；

（二）发生较大事故的，处一百万元以上二百万元以下的罚款；

（三）发生重大事故的，处二百万元以上一千万元以下的罚款；

（四）发生特别重大事故的，处一千万元以上二千万元以下的罚款。

发生生产安全事故，情节特别严重、影响特别恶劣的，应急管理部门可以按照前款罚款数额的二倍以上五倍以下对负有责任的生产经营单位处以罚款。

第一百一十六条 生产经营单位发生生产安全事故造成人员伤亡、他人财产损失的，应当依法承担赔偿责任；拒不承担或者其负责人逃匿的，由人民法院依法强制执行。

生产安全事故的责任人未依法承担赔偿责任，经人民法院依法采取执行措施后，仍不能对受害人给予足额赔偿的，应当继续履行赔偿义务；受害人发现责任人有其他财产的，可以随时请求人民法院执行。

第七章 附 则

第一百一十七条 本法下列用语的含义：

危险物品，是指易燃易爆物品、危险化学品、放射性物品等能够危及人身安全和财产安全的物品。

重大危险源，是指长期地或者临时地生产、搬运、使用或者储存危险物品，且危险物品的数量等于或者超过临界量的单元（包括场所和设施）。

第一百一十八条 本法规定的生产安全一般事故、较大事故、重大事故、特别重大事故的划分标准由国务院规定。

国务院应急管理部门和其他负有安全生产监督管理职责的部门应当根据各自的职责分工，制定相关行业、领域重大危险源的辨识标准和重大事故隐患的判定标准。

第一百一十九条 本法自 2002 年 11 月 1 日起施行。

4.3 《中华人民共和国消防法（2021 修正）》安全生产相关规定（节选）

（1998 年 4 月 29 日第九届全国人民代表大会常务委员会第二次会议通过 2008 年 10 月 28 日第十一届全国人民代表大会常务委员会第五次会议修订 根据 2019 年 4 月 23 日第十三届全国人民代表大会常务委员会第十次会议《关于修改〈中华人民共和国建筑法〉等八部法律的决定》第一次修正 根据 2021 年 4 月 29 日第十三届全国人民代表大会常务委员会第二十八次会议《关于修改〈中华人民共和国道路交通安全法〉等八部法律的决定》第二次修正）

第一章 总 则

第一条 为了预防火灾和减少火灾危害，加强应急救援工作，保护人身、财产安全，维护公共安全，制定本法。

第二条 消防工作贯彻预防为主、防消结合的方针，按照政府统一领导、部门依法监管、单位全面负责、公民积极参与的原则，实行消防安全责任制，建立健全社会化的消防工作网络。

第三条 国务院领导全国的消防工作。地方各级人民政府负责本行政区域内的消防工作。

各级人民政府应当将消防工作纳入国民经济和社会发展计划，保障消防工作与经济社会发展相适应。

第五条 任何单位和个人都有维护消防安全、保护消防设施、预防火灾、报告火警的义务。任何单位和成年人都有参加有组织的灭火工作的义务。

第二章 火 灾 预 防

第十六条 机关、团体、企业、事业等单位应当履行下列消防安全职责：

（一）落实消防安全责任制，制定本单位的消防安全制度、消防安全操作规程，制定灭火和应急疏散预案；

（二）按照国家标准、行业标准配置消防设施、器材，设置消防安全标志，并定期组织检验、维修，确保完好有效；

（三）对建筑消防设施每年至少进行一次全面检测，确保完好有效，检测记录应当完整准确，存档备查；

（四）保障疏散通道、安全出口、消防车通道畅通，保证防火防烟分区、防火间距符合消防技术标准；

（五）组织防火检查，及时消除火灾隐患；

（六）组织进行有针对性的消防演练；

（七）法律、法规规定的其他消防安全职责。

单位的主要负责人是本单位的消防安全责任人。

第十九条 生产、储存、经营易燃易爆危险品的场所不得与居住场所设置在同一建筑物内，并应当与居住场所保持安全距离。

生产、储存、经营其他物品的场所与居住场所设置在同一建筑物内的，应当符合国家工程建设消防技术标准。

第二十一条 禁止在具有火灾、爆炸危险的场所吸烟、使用明火。因施工等特殊情况需要使用明火作业的，应当按照规定事先办理审批手续，采取相应的消防安全措施；作业人员应当遵守消防安全规定。

进行电焊、气焊等具有火灾危险作业的人员和自动消防系统的操作人员，必须持证上岗，并遵守消防安全操作规程。

第二十二条 生产、储存、装卸易燃易爆危险品的工厂、仓库和专用车站、码头的设置，应当符合消防技术标准。易燃易爆气体和液体的充装站、供应站、调压站，应当设置在符合消防安全要求的位置，并符合防火防爆要求。

已经设置的生产、储存、装卸易燃易爆危险品的工厂、仓库和专用车站、码头，易燃易爆气体和液体的充装站、供应站、调压站，不再符合前款规定的，地方人民政府应当组织、协调有关部门、单位限期解决，消除安全隐患。

第二十三条 生产、储存、运输、销售、使用、销毁易燃易爆危险品，必须执行消防技术标准和管理规定。

进入生产、储存易燃易爆危险品的场所，必须执行消防安全规定。禁止非法携带易燃易爆危险品进入公共场所或者乘坐公共交通工具。

储存可燃物资仓库的管理，必须执行消防技术标准和管理规定。

第二十四条 消防产品必须符合国家标准；没有国家标准的，必须符合行业标准。禁止生产、销售或者使用不合格的消防产品以及国家明令淘汰的消防产品。

依法实行强制性产品认证的消防产品，由具有法定资质的认证机构按照国家标准、行业标准的强制性要求认证合格后，方可生产、销售、使用。实行强制性产品认证的消防产品目录，由国务院产品质量监督部门会同国务院应急管理部门制定并公布。

新研制的尚未制定国家标准、行业标准的消防产品，应当按照国务院产品质量监督部门会同国务院应急管理部门规定的办法，经技术鉴定符合消防安全要求的，方可生产、销售、使用。

依照本条规定经强制性产品认证合格或者技术鉴定合格的消防产品，国务院应急管理部门应当予以公布。

第二十六条 建筑构件、建筑材料和室内装修、装饰材料的防火性能必须符合国家标准；没有国家标准的，必须符合行业标准。

人员密集场所室内装修、装饰，应当按照消防技术标准的要求，使用不燃、难燃材料。

第二十七条 电器产品、燃气用具的产品标准，应当符合消防安全的要求。

电器产品、燃气用具的安装、使用及其线路、管路的设计、敷设、维护保养、检测，必须符合消防技术标准和管理规定。

第二十八条 任何单位、个人不得损坏、挪用或者擅自拆除、停用消防设施、器材，不得埋压、圈占、遮挡消火栓或者占用防火间距，不得占用、堵塞、封闭疏散通道、安全出口、消防车通道。人员密集场所的门窗不得设置影响逃生和灭火救援的障碍物。

第三章 消防组织

第三十五条 各级人民政府应当加强消防组织建设，根据经济社会发展的需要，建立多种形式的消防组织，加强消防技术人才培养，增强火灾预防、扑救和应急救援的能力。

第三十六条 县级以上地方人民政府应当按照国家规定建立国家综合性消防救援队、专职消防队，并按照国家标准配备消防装备，承担火灾扑救工作。

乡镇人民政府应当根据当地经济发展和消防工作的需要，建立专职消防队、志愿消防队，承担火灾扑救工作。

第三十七条 国家综合性消防救援队、专职消防队按照国家规定承担重大灾害事故和其他以抢救人员生命为主的应急救援工作。

第四章 灭火救援

第四十四条 任何人发现火灾都应当立即报警。任何单位、个人都应当无偿为报警提供便利，不得阻拦报警。严禁谎报火警。

人员密集场所发生火灾，该场所的现场工作人员应当立即组织、引导在场人员疏散。

任何单位发生火灾，必须立即组织力量扑救。邻近单位应当给予支援。

消防队接到火警，必须立即赶赴火灾现场，救助遇险人员，排除险情，扑灭火灾。

第五十条 对因参加扑救火灾或者应急救援受伤、致残或者死亡的人员，按照国家有关规定给予医疗、抚恤。

第五十一条 消防救援机构有权根据需要封闭火灾现场，负责调查火灾原因，统计火灾损失。

火灾扑灭后，发生火灾的单位和相关人员应当按照消防救援机构的要求保护现场，接受事故调查，如实提供与火灾有关的情况。

消防救援机构根据火灾现场勘验、调查情况和有关的检验、鉴定意见，及时制作火灾事故认定书，作为处理火灾事故的证据。

第五章 监 督 检 查

第五十二条 地方各级人民政府应当落实消防工作责任制，对本级人民政府有关部门履行消防安全职责的情况进行监督检查。

县级以上地方人民政府有关部门应当根据本系统的特点，有针对性地开展消防安全检查，及时督促整改火灾隐患。

第五十三条 消防救援机构应当对机关、团体、企业、事业等单位遵守消防法律、法规的情况依法进行监督检查。公安派出所可以负责日常消防监督检查、开展消防宣传教育，具体办法由国务院公安部门规定。

消防救援机构、公安派出所的工作人员进行消防监督检查，应当出示证件。

第五十七条 住房和城乡建设主管部门、消防救援机构及其工作人员执行职务，应当自觉接受社会和公民的监督。

任何单位和个人都有权对住房和城乡建设主管部门、消防救援机构及其工作人员在执法中的违法行为进行检举、控告。收到检举、控告的机关，应当按照职责及时查处。

第六章 法 律 责 任

第六十条 单位违反本法规定，有下列行为之一的，责令改正，处五千元以上五万元以下罚款：

（一）消防设施、器材或者消防安全标志的配置、设置不符合国家标准、行业标准，或者未保持完好有效的；

（二）损坏、挪用或者擅自拆除、停用消防设施、器材的；

（三）占用、堵塞、封闭疏散通道、安全出口或者有其他妨碍安全疏散行为的；

（四）埋压、圈占、遮挡消火栓或者占用防火间距的；

（五）占用、堵塞、封闭消防车通道，妨碍消防车通行的；

（六）人员密集场所在门窗上设置影响逃生和灭火救援的障碍物的；

（七）对火灾隐患经消防救援机构通知后不及时采取措施消除的。

个人有前款第二项、第三项、第四项、第五项行为之一的，处警告或者五百元以下罚款。

有本条第一款第三项、第四项、第五项、第六项行为，经责令改正拒不改正的，强制执行，所需费用由违法行为人承担。

第六十一条 生产、储存、经营易燃易爆危险品的场所与居住场所设置在同一建筑物内，或者未与居住场所保持安全距离的，责令停产停业，并处五千元以上五万元以下罚款。

生产、储存、经营其他物品的场所与居住场所设置在同一建筑物内，不符合消防技术标准的，依照前款规定处罚。

第六十二条 有下列行为之一的，依照《中华人民共和国治安管理处罚法》的规定处罚：

（一）违反有关消防技术标准和管理规定生产、储存、运输、销售、使用、销毁易燃易爆危险品的；

（二）非法携带易燃易爆危险品进入公共场所或者乘坐公共交通工具的；

（三）谎报火警的；

（四）阻碍消防车、消防艇执行任务的；

（五）阻碍消防救援机构的工作人员依法执行职务的。

第六十三条 违反本法规定，有下列行为之一的，处警告或者五百元以下罚款；情节严重的，处五日以下拘留：

（一）违反消防安全规定进入生产、储存易燃易爆危险品场所的；

（二）违反规定使用明火作业或者在具有火灾、爆炸危险的场所吸烟、使用明火的。

第六十四条 违反本法规定，有下列行为之一，尚不构成犯罪的，处十日以上十五日以下拘留，可以并处五百元以下罚款；情节较轻的，处警告或者五百元以下罚款：

（一）指使或者强令他人违反消防安全规定，冒险作业的；

（二）过失引起火灾的；

（三）在火灾发生后阻拦报警，或者负有报告职责的人员不及时报警的；

（四）扰乱火灾现场秩序，或者拒不执行火灾现场指挥员指挥，影响灭火救援的；

（五）故意破坏或者伪造火灾现场的；

（六）擅自拆封或者使用被消防救援机构查封的场所、部位的。

第六十八条 人员密集场所发生火灾，该场所的现场工作人员不履行组织、引导在场人员疏散的义务，情节严重，尚不构成犯罪的，处五日以上十日以下拘留。

第七章 附 则

第七十三条 本法下列用语的含义：

（一）消防设施，是指火灾自动报警系统、自动灭火系统、消火栓系统、防烟排烟系统以及应急广播和应急照明、安全疏散设施等。

（二）消防产品，是指专门用于火灾预防、灭火救援和火灾防护、避难、逃生的产品。

（三）公众聚集场所，是指宾馆、饭店、商场、集贸市场、客运车站候车室、客运码头候船厅、民用机场航站楼、体育场馆、会堂以及公共娱乐场所等。

（四）人员密集场所，是指公众聚集场所，医院的门诊楼、病房楼，学校的教学楼、图书馆、食堂和集体宿舍，养老院，福利院，托儿所，幼儿园，公共图书馆的阅览室，公共展览馆、博物馆的展示厅，劳动密集型企业的生产加工车间和员工集体宿舍，旅游、宗教活动场所等。

第七十四条 本法自 2009 年 5 月 1 日起施行。

4.4《中华人民共和国环境保护法》安全生产相关规定（节选）

第一章 总 则

第一条 为保护和改善环境，防治污染和其他公害，保障公众健康，推进生态文明建设，促进经济社会可持续发展，制定本法。

第二条 本法所称环境，是指影响人类生存和发展的各种天然的和经过人工改造的自然因素的总体，包括大气、水、海洋、土地、矿藏、森林、草原、湿地、野生生物、自然遗迹、人文遗迹、自然保护区、风景名胜区、城市和乡村等。

第三条 本法适用于中华人民共和国领域和中华人民共和国管辖的其他海域。

第四条 保护环境是国家的基本国策。

国家采取有利于节约和循环利用资源、保护和改善环境、促进人与自然和谐的经济、技术政策和措施，使经济社会发展与环境保护相协调。

第五条 环境保护坚持保护优先、预防为主、综合治理、公众参与、损害担责的原则。

第六条 一切单位和个人都有保护环境的义务。

第十二条 每年 6 月 5 日为环境日。

第二章 监 督 管 理

第十三条 县级以上人民政府应当将环境保护工作纳入国民经济和社会发展规划。

国务院环境保护主管部门会同有关部门，根据国民经济和社会发展规划编制国家环境保护规划，报国务院批准并公布实施。

县级以上地方人民政府环境保护主管部门会同有关部门，根据国家环境保护规划的要求，编制本行政区域的环境保护规划，报同级人民政府批准并公布实施。

环境保护规划的内容应当包括生态保护和污染防治的目标、任务、保障措施等，并与主体功能区规划、土地利用总体规划和城乡规划等相衔接。

第二十二条 企业事业单位和其他生产经营者，在污染物排放符合法定要求的基础上，进一步减少污染物排放的，人民政府应当依法采取财政、税收、价格、政府采购等方面的政策和措施予以鼓励和支持。

第二十三条 企业事业单位和其他生产经营者，为改善环境，依照有关规定转产、搬迁、关闭的，人民政府应当予以支持。

第四十一条 建设项目中防治污染的设施，应当与主体工程同时设计、同时施工、同时投产使用。防治污染的设施应当符合经批准的环境影响评价文件的要求，不得擅自拆除或者闲置。

第四十三条 排放污染物的企业事业单位和其他生产经营者，应当按照国家有关规定缴纳排污费。排污费应当全部专项用于环境污染防治，任何单位和个人不得截留、挤占或者挪作他用。

依照法律规定征收环境保护税的，不再征收排污费。

第四十五条 国家依照法律规定实行排污许可管理制度。

实行排污许可管理的企业事业单位和其他生产经营者应当按照排污许可证的要求排放污染物；未取得排污许可证的，不得排放污染物。

第六章 法 律 责 任

第五十九条 企业事业单位和其他生产经营者违法排放污染物，受到罚款处罚，被责令改正，拒不改正的，依法作出处罚决定的行政机关可以自责令改正之日的次日起，按照原处罚数额按日连续处罚。

前款规定的罚款处罚，依照有关法律法规按照防治污染设施的运行成本、违法行为造成的直接损失或者违法所得等因素确定的规定执行。

地方性法规可以根据环境保护的实际需要，增加第一款规定的按日连续处罚的违法行为的种类。

第六十条 企业事业单位和其他生产经营者超过污染物排放标准或者超过重点污染物排放总量控制指标排放污染物的，县级以上人民政府环境保护主管部门可以责令其采取限制生产、停产整治等措施；情节严重的，报经有批准权的人民政府批准，责令停业、关闭。

第六十一条 建设单位未依法提交建设项目环境影响评价文件或者环境影响评价文件未经批准，擅自开工建设的，由负有环境保护监督管理职责的部门责令停止建设，处以罚款，并可以责令恢复原状。

第六十二条 违反本法规定，重点排污单位不公开或者不如实公开环境信息的，由县级以上地方人民政府环境保护主管部门责令公开，处以罚款，并予以公告。

第六十三条 企业事业单位和其他生产经营者有下列行为之一，尚不构成犯罪的，除依照有关法律法规规定予以处罚外，由县级以上人民政府环境保护主管部门或者其他有关部门将案件移送公安机关，对其直接负责的主管人员和其他直接责任人员，处十日以上十五日以下拘留；情节较轻的，处五日以上十日以下拘留：

（一）建设项目未依法进行环境影响评价，被责令停止建设，拒不执行的；

（二）违反法律规定，未取得排污许可证排放污染物，被责令停止排污，拒不执行的；

（三）通过暗管、渗井、渗坑、灌注或者篡改、伪造监测数据，或者不正常运行防治污染设施等逃避监管的方式违法排放污染物的；

（四）生产、使用国家明令禁止生产、使用的农药，被责令改正，拒不改正的。

第六十四条 因污染环境和破坏生态造成损害的，应当依照《中华人民共和国侵权责任法》的有关规定承担侵权责任。

第六十九条 违反本法规定，构成犯罪的，依法追究刑事责任。

第七章 附 则

第七十条 本法自2015年1月1日起施行。

4.5 《中华人民共和国大气污染防治法》相关规定（节选）

第一章 总 则

第一条 为保护和改善环境，防治大气污染，保障公众健康，推进生态文明建设，促进经济社会可持续发展，制定本法。

第五条 县级以上人民政府生态环境主管部门对大气污染防治实施统一监督管理。县级以上人民政府其他有关部门在各自职责范围内对大气污染防治实施监督管理。

第六条 国家鼓励和支持大气污染防治科学技术研究，开展对大气污染来源及其变化趋势的分析，推广先进适用的大气污染防治技术和装备，促进科技成果转化，发挥科学技术在大气污染防治中的支撑作用。

第二章 大气污染防治标准和限期达标规划

第十条 制定大气环境质量标准、大气污染物排放标准，应当组织专家进行审查和论证，并征求有关部门、行业协会、企业事业单位和公众等方面的意见。

第十一条 省级以上人民政府生态环境主管部门应当在其网站上公布大气环境质量标准、大气污染物排放标准，供公众免费查阅、下载。

第三章 大气污染防治的监督管理

第十八条 企业事业单位和其他生产经营者建设对大气环境有影响的项目，应当依法进行环境影响评价、公开环境影响评价文件；向大气排放污染物的，应当符合大气污染物排放标准，遵守重点大气污染物排放总量控制要求。

第二十条 企业事业单位和其他生产经营者向大气排放污染物的，应当依照法律法规和国务院生态环境主管部门的规定设置大气污染物排放口。

禁止通过偷排、篡改或者伪造监测数据、以逃避现场检查为目的的临时停产、非紧急情况下开启应急排放通道、不正常运行大气污染防治设施等逃避监管的方式排放大气污染物。

第四章 大气污染防治措施

第六十九条 建设单位应当将防治扬尘污染的费用列入工程造价，并在施工承包合同中明确施工单位扬尘污染防治责任。施工单位应当制定具体的施工扬尘污染防治实施方案。

从事房屋建筑、市政基础设施建设、河道整治以及建筑物拆除等施工单位，应当向负责监督管理扬尘污染防治的主管部门备案。

施工单位应当在施工工地设置硬质围挡，并采取覆盖、分段作业、择时施工、洒水抑尘、冲洗地面和车辆等有效防尘降尘措施。建筑土方、工程渣土、建筑垃圾应当及时清运；在场地内堆存的，应当采用密闭式防尘网遮盖。工程渣土、建筑垃圾应当进行资源化处理。

施工单位应当在施工工地公示扬尘污染防治措施、负责人、扬尘监督管理主管部门等信息。

暂时不能开工的建设用地，建设单位应当对裸露地面进行覆盖；超过三个月的，应当进行绿化、铺装或者遮盖。

第七十条 运输煤炭、垃圾、渣土、砂石、土方、灰浆等散装、流体物料的车辆应当采取密闭或者其他措施防止物料遗撒造成扬尘污染，并按照规定路线行驶。

装卸物料应当采取密闭或者喷淋等方式防治扬尘污染。

城市人民政府应当加强道路、广场、停车场和其他公共场所的清扫保洁管理，推行清洁动力机械化清扫等低尘作业方式，防治扬尘污染。

第七十一条 市政河道以及河道沿线、公共用地的裸露地面以及其他城镇裸露地面，有关部门应当按照规划组织实施绿化或者透水铺装。

第七十二条 贮存煤炭、煤矸石、煤渣、煤灰、水泥、石灰、石膏、砂土等易产生扬尘的物料应当密闭；不能密闭的，应当设置不低于堆放物高度的严密围挡，并采取有效覆盖措施防治扬尘污染。

第七章 法 律 责 任

第九十八条 违反本法规定，以拒绝进入现场等方式拒不接受生态环境主管部门及其环境执法机构或者其他负有大气环境保护监督管理职责的部门的监督检查，或者在接受监督检查时弄虚作假的，由县级以上人民政府生态环境主管部门或者其他负有大气环境保护监督管理职责的部门责令改正，处二万元以上二十万元以下的罚款；构成违反治安管理行为的，由公安机关依法予以处罚。

第九十九条 违反本法规定，有下列行为之一的，由县级以上人民政府生态环境主管部门责令改正或者限制生产、停产整治，并处十万元以上一百万元以下的罚款；情节严重的，报经有批准权的人民政府批准，责令停业、关闭：

（一）未依法取得排污许可证排放大气污染物的；

（二）超过大气污染物排放标准或者超过重点大气污染物排放总量控制指标排放大气污染物的；

（三）通过逃避监管的方式排放大气污染物的。

第一百一十五条 违反本法规定，施工单位有下列行为之一的，由县级以上人民政府住房城乡建设等主管部门按照职责责令改正，处一万元以上十万元以下的罚款；拒不改正的，责令停工整治：

（一）施工工地未设置硬质围挡，或者未采取覆盖、分段作业、择时施工、洒水抑尘、冲洗地面和车辆等有效防尘降尘措施的；

（二）建筑土方、工程渣土、建筑垃圾未及时清运，或者未采用密闭式防尘网遮盖的。

违反本法规定，建设单位未对暂时不能开工的建设用地的裸露地面进行覆盖，或者未对超过三个月不能开工的建设用地的裸露地面进行绿化、铺装或者遮盖的，由县级以上人民政府住房城乡建设等主管部门依照前款规定予以处罚。

第一百一十六条 违反本法规定，运输煤炭、垃圾、渣土、砂石、土方、灰浆等散装、流体物料的车辆，未采取密闭或者其他措施防止物料遗撒的，由县级以上地方人民政府确定的监督管理部门责令改正，处二千元以上二万元以下的罚款；拒不改正的，车辆不得上道路行驶。

第一百一十七条 违反本法规定，有下列行为之一的，由县级以上人民政府生态环境等主管部门按照职责责令改正，处一万元以上十万元以下的罚款；拒不改正的，责令停工整治或者停业整治：

（一）未密闭煤炭、煤矸石、煤渣、煤灰、水泥、石灰、石膏、砂土等易产生扬尘的物料的；

（二）对不能密闭的易产生扬尘的物料，未设置不低于堆放物高度的严密围挡，或者未采取有效覆盖措施防治扬尘污染的；

（三）装卸物料未采取密闭或者喷淋等方式控制扬尘排放的。

第一百二十三条 违反本法规定，企业事业单位和其他生产经营者有下列行为之一，受到罚款处罚，被责令改正，拒不改正的，依法作出处罚决定的行政机关可以自责令改正之日的次日起，按照原处罚数额按日连续处罚：

（一）未依法取得排污许可证排放大气污染物的；

（二）超过大气污染物排放标准或者超过重点大气污染物排放总量控制指标排放大气污染物的；

（三）通过逃避监管的方式排放大气污染物的；

（四）建筑施工或者贮存易产生扬尘的物料未采取有效措施防治扬尘污染的。

第一百二十四条 违反本法规定，对举报人以解除、变更劳动合同或者其他方式打击报复的，应当依照有关法律的规定承担责任。

第一百二十五条 排放大气污染物造成损害的，应当依法承担侵权责任。

第一百二十七条 违反本法规定，构成犯罪的，依法追究刑事责任。

第八章 附 则

第一百二十八条 海洋工程的大气污染防治，依照《中华人民共和国海洋环境保护法》的有关规定执行。

第一百二十九条 本法自2016年1月1日起施行。

4.6 《中华人民共和国噪声污染防治法》相关规定（节选）

第一章 总 则

第二条 本法所称噪声，是指在工业生产、建筑施工、交通运输和社会生活中产生的干扰周围生活环境的声音。

本法所称噪声污染，是指超过噪声排放标准或者未依法采取防控措施产生噪声，并干扰他人正常生活、工作和学习的现象。

第三条 噪声污染的防治，适用本法。

因从事本职生产经营工作受到噪声危害的防治，适用劳动保护等其他有关法律的规定。

第四条 噪声污染防治应当坚持统筹规划、源头防控、分类管理、社会共治、损害担责的原则。

第五条 县级以上人民政府应当将噪声污染防治工作纳入国民经济和社会发展规划、生态环境保护规划，将噪声污染防治工作经费纳入本级政府预算。

生态环境保护规划应当明确噪声污染防治目标、任务、保障措施等内容。

第九条 任何单位和个人都有保护声环境的义务，同时依法享有获取声环境信息、参与和监督噪声污染防治的权力。

排放噪声的单位和个人应当采取有效措施，防止、减轻噪声污染。

第二章 噪声污染防治标准和规划

第十三条 国家推进噪声污染防治标准体系建设。

国务院生态环境主管部门和国务院其他有关部门，在各自职责范围内，制定和完善噪声污染防治相关标准，加强标准之间的衔接协调。

第二十一条 编制声环境质量改善规划及其实施方案，制定、修订噪声污染防治相关标准，应当征求有关行业协会、企业事业单位、专家和公众等的意见。

第三章 噪声污染防治的监督管理

第二十四条 新建、改建、扩建可能产生噪声污染的建设项目，应当依法进行环境影响评价。

第二十五条 建设项目的噪声污染防治设施应当与主体工程同时设计、同时施工、同时投产使用。

建设项目在投入生产或者使用之前，建设单位应当依照有关法律法规的规定，对配套建设的噪声污染防治设施进行验收，编制验收报告，并向社会公开。未经验收或者验收不合格的，该建设项目不得投入生产或者使用。

第三十一条 任何单位和个人都有权向生态环境主管部门或者其他负有噪声污染防治监督管理职责的部门举报造成噪声污染的行为。

生态环境主管部门和其他负有噪声污染防治监督管理职责的部门应当公布举报电话、电子邮箱等，方便公众举报。

接到举报的部门应当及时处理并对举报人的相关信息保密。举报事项属于其他部门职责的，接到举报的部门应当及时移送相关部门并告知举报人。举报人要求答复并提供有效联系方式的，处理举报事项的部门应当反馈处理结果等情况。

第三十二条 国家鼓励开展宁静小区、静音车厢等宁静区域创建活动，共同维护生活环境和谐安宁。

第三十三条 在举行中等学校招生考试、高等学校招生统一考试等特殊活动期间，地方人民政府或者其指定的部门可以对可能产生噪声影响的活动，作出时间和区域的限制性规定，并提前向社会公告。

第五章　建筑施工噪声污染防治

第三十九条　本法所称建筑施工噪声，是指在建筑施工过程中产生的干扰周围生活环境的声音。

第四十条　建设单位应当按照规定将噪声污染防治费用列入工程造价，在施工合同中明确施工单位的噪声污染防治责任。

施工单位应当按照规定制定噪声污染防治实施方案，采取有效措施，减少振动、降低噪声。建设单位应当监督施工单位落实噪声污染防治实施方案。

第四十一条　在噪声敏感建筑物集中区域施工作业，应当优先使用低噪声施工工艺和设备。

国务院工业和信息化主管部门会同国务院生态环境、住房和城乡建设、市场监督管理等部门，公布低噪声施工设备指导名录并适时更新。

第四十二条　在噪声敏感建筑物集中区域施工作业，建设单位应当按照国家规定，设置噪声自动监测系统，与监督管理部门联网，保存原始监测记录，对监测数据的真实性和准确性负责。

第四十三条　在噪声敏感建筑物集中区域，禁止夜间进行产生噪声的建筑施工作业，但抢修、抢险施工作业，因生产工艺要求或者其他特殊需要必须连续施工作业的除外。

因特殊需要必须连续施工作业的，应当取得地方人民政府住房和城乡建设、生态环境主管部门或者地方人民政府指定的部门的证明，并在施工现场显著位置公示或者以其他方式公告附近居民。

第六章　交通运输噪声污染防治

第四十七条　机动车的消声器和喇叭应当符合国家规定。禁止驾驶拆除或者损坏消声器、加装排气管等擅自改装的机动车以轰鸣、疾驶等方式造成噪声污染。

使用机动车音响器材，应当控制音量，防止噪声污染。

机动车应当加强维修和保养，保持性能良好，防止噪声污染。

第七章　社会生活噪声污染防治

第六十二条　使用空调器、冷却塔、水泵、油烟净化器、风机、发电机、变压器、锅炉、装卸设备等可能产生社会生活噪声污染的设备、设施的企业事业单位和其他经营管理者等，应当采取优化布局、集中排放等措施，防止、减轻噪声污染。

第六十四条　禁止在噪声敏感建筑物集中区域使用高音广播喇叭，但紧急情况以及地方人民政府规定的特殊情形除外。

第六十六条　对已竣工交付使用的住宅楼、商铺、办公楼等建筑物进行室内装修活动，应当按照规定限定作业时间，采取有效措施，防止、减轻噪声污染。

第六十七条　新建居民住房的房地产开发经营者应当在销售场所公示住房可能受到噪声影响的情况以及采取或者拟采取的防治措施，并纳入买卖合同。

新建居民住房的房地产开发经营者应当在买卖合同中明确住房的共用设施设备位置和建筑隔声情况。

第六十八条 居民住宅区安装电梯、水泵、变压器等共用设施设备的，建设单位应当合理设置，采取减少振动、降低噪声的措施，符合民用建筑隔声设计相关标准要求。

已建成使用的居民住宅区电梯、水泵、变压器等共用设施设备由专业运营单位负责维护管理，符合民用建筑隔声设计相关标准要求。

第八章 法律责任

第七十四条 违反本法规定，在噪声敏感建筑物集中区域新建排放噪声的工业企业的，由生态环境主管部门责令停止违法行为，处十万元以上五十万元以下的罚款，并报经有批准权的人民政府批准，责令关闭。

违反本法规定，在噪声敏感建筑物集中区域改建、扩建工业企业，未采取有效措施防止工业噪声污染的，由生态环境主管部门责令改正，处十万元以上五十万元以下的罚款；拒不改正的，报经有批准权的人民政府批准，责令关闭。

第七十七条 违反本法规定，建设单位、施工单位有下列行为之一，由工程所在地人民政府指定的部门责令改正，处一万元以上十万元以下的罚款；拒不改正的，可以责令暂停施工：

（一）超过噪声排放标准排放建筑施工噪声的；

（二）未按照规定取得证明，在噪声敏感建筑物集中区域夜间进行产生噪声的建筑施工作业的。

第七十八条 违反本法规定，有下列行为之一，由工程所在地人民政府指定的部门责令改正，处五千元以上五万元以下的罚款；拒不改正的，处五万元以上二十万元以下的罚款：

（一）建设单位未按照规定将噪声污染防治费用列入工程造价的；

（二）施工单位未按照规定制定噪声污染防治实施方案，或者未采取有效措施减少振动、降低噪声的；

（三）在噪声敏感建筑物集中区域施工作业的建设单位未按照国家规定设置噪声自动监测系统，未与监督管理部门联网，或者未保存原始监测记录的；

（四）因特殊需要必须连续施工作业，建设单位未按照规定公告附近居民的。

第八十二条 违反本法规定，有下列行为之一，由地方人民政府指定的部门说服教育，责令改正；拒不改正的，给予警告，对个人可以处二百元以上一千元以下的罚款，对单位可以处二千元以上二万元以下的罚款：

（一）在噪声敏感建筑物集中区域使用高音广播喇叭的；

（二）在公共场所组织或者开展娱乐、健身等活动，未遵守公共场所管理者有关活动区域、时段、音量等规定，未采取有效措施造成噪声污染，或者违反规定使用音响器材产生过大音量的；

（三）对已竣工交付使用的建筑物进行室内装修活动，未按照规定在限定的作业时间内进行，或者未采取有效措施造成噪声污染的；

（四）其他违反法律规定造成社会生活噪声污染的。

第八十三条 违反本法规定，有下列行为之一，由县级以上地方人民政府房产管理部门责令改正，处一万元以上五万元以下的罚款；拒不改正的，责令暂停销售：

（一）新建居民住房的房地产开发经营者未在销售场所公示住房可能受到噪声影响的情况以及采取或者拟采取的防治措施，或者未纳入买卖合同的；

（二）新建居民住房的房地产开发经营者未在买卖合同中明确住房的共用设施设备位置或者建筑隔声情况的。

第八十四条 违反本法规定，有下列行为之一，由地方人民政府指定的部门责令改正，处五千元以上五万元以下的罚款；拒不改正的，处五万元以上二十万元以下的罚款：

（一）居民住宅区安装共用设施设备，设置不合理或者未采取减少振动、降低噪声的措施，不符合民用建筑隔声设计相关标准要求的；

（二）对已建成使用的居民住宅区共用设施设备，专业运营单位未进行维护管理，不符合民用建筑隔声设计相关标准要求的。

第八十七条 违反本法规定，构成犯罪的，依法追究刑事责任。

第九章　附　　则

第八十八条 本法中下列用语的含义：

（一）噪声排放，是指噪声源向周围生活环境辐射噪声；

（二）夜间，是指晚上十点至次日早晨六点之间的期间，设区的市级以上人民政府可以另行规定本行政区域夜间的起止时间，夜间时段长度为八小时；

（三）噪声敏感建筑物，是指用于居住、科学研究、医疗卫生、文化教育、机关团体办公、社会福利等需要保持安静的建筑物；

（四）交通干线，是指铁路、高速公路、一级公路、二级公路、城市快速路、城市主干路、城市次干路、城市轨道交通线路、内河高等级航道。

第九十条 本法自 2022 年 6 月 5 日起施行。《中华人民共和国环境噪声污染防治法》同时废止。

4.7 《建设工程高大模板支撑系统施工安全监督管理导则》

1　总　　则

1.1 为预防建设工程高大模板支撑系统（以下简称高大模板支撑系统）坍塌事故，保证施工安全，依据《建设工程安全生产管理条例》及相关安全生产法律法规、标准规范，制定本导则。

1.2 本导则适用于房屋建筑和市政基础设施建设工程高大模板支撑系统的施工安全监督管理。

1.3 本导则所称高大模板支撑系统是指建设工程施工现场混凝土构件模板支撑高度超过 8m，或搭设跨度超过 18m，或施工总荷载大于 15kN/m^2，或集中线荷载大于 20kN/m 的模板支撑系统。

1.4 高大模板支撑系统施工应严格遵循安全技术规范和专项方案规定，严密组织，责任落实，确保施工过程的安全。

2 方 案 管 理

2.1 方案编制

2.1.1 施工单位应依据国家现行相关标准规范，由项目技术负责人组织相关专业技术人员，结合工程实际，编制高大模板支撑系统的专项施工方案。

2.1.2 专项施工方案应当包括以下内容：

（一）编制说明及依据：相关法律、法规、规范性文件、标准、规范及图纸（国标图集）、施工组织设计等。

（二）工程概况：高大模板工程特点、施工平面及立面布置、施工要求和技术保证条件，具体明确支模区域、支模标高、高度、支模范围内的梁截面尺寸、跨度、板厚、支撑的地基情况等。

（三）施工计划：施工进度计划、材料与设备计划等。

（四）施工工艺技术：高大模板支撑系统的基础处理、主要搭设方法、工艺要求、材料的力学性能指标、构造设置以及检查、验收要求等。

（五）施工安全保证措施：模板支撑体系搭设及混凝土浇筑区域管理人员组织机构、施工技术措施、模板安装和拆除的安全技术措施、施工应急救援预案，模板支撑系统在搭设、钢筋安装、混凝土浇捣过程中及混凝土终凝前后模板支撑体系位移的监测监控措施等。

（六）劳动力计划：包括专职安全生产管理人员、特种作业人员的配置等。

（七）计算书及相关图纸：验算项目及计算内容包括模板、模板支撑系统的主要结构强度和截面特征及各项荷载设计值及荷载组合，梁、板模板支撑系统的强度和刚度计算，梁板下立杆稳定性计算，立杆基础承载力验算，支撑系统支撑层承载力验算，转换层下支撑层承载力验算等。每项计算列出计算简图和截面构造大样图，注明材料尺寸、规格、纵横支撑间距。

附图包括支模区域立杆、纵横水平杆平面布置图，支撑系统立面图、剖面图，水平剪刀撑布置平面图及竖向剪刀撑布置投影图，梁板支模大样图，支撑体系监测平面布置图及连墙件布设位置及节点大样图等。

2.2 审核论证

2.2.1 高大模板支撑系统专项施工方案，应先由施工单位技术部门组织本单位施工技术、安全、质量等部门的专业技术人员进行审核，经施工单位技术负责人签字后，再按照相关规定组织专家论证。下列人员应参加专家论证会：

（一）专家组成员；

（二）建设单位项目负责人或技术负责人；

（三）监理单位项目总监理工程师及相关人员；

（四）施工单位分管安全的负责人、技术负责人、项目负责人、项目技术负责人、专项方案编制人员、项目专职安全管理人员；

（五）勘察、设计单位项目技术负责人及相关人员。

2.2.2 专家组成员应当由5名及以上符合相关专业要求的专家组成。本项目参建各方的人员不得以专家身份参加专家论证会。

2.2.3 专家论证的主要内容包括：

（一）方案是否依据施工现场的实际施工条件编制；方案、构造、计算是否完整、可行；

（二）方案计算书、验算依据是否符合有关标准规范；

（三）安全施工的基本条件是否符合现场实际情况。

2.2.4 施工单位根据专家组的论证报告，对专项施工方案进行修改完善，并经施工单位技术负责人、项目总监理工程师、建设单位项目负责人批准签字后，方可组织实施。

2.2.5 监理单位应编制安全监理实施细则，明确对高大模板支撑系统的重点审核内容、检查方法和频率要求。

3 验 收 管 理

3.1 高大模板支撑系统搭设前，应由项目技术负责人组织对需要处理或加固的地基、基础进行验收，并留存记录。

3.2 高大模板支撑系统的结构材料应按以下要求进行验收、抽检和检测，并留存记录、资料。

3.2.1 施工单位应对进场的承重杆件、连接件等材料的产品合格证、生产许可证、检测报告进行复核，并对其表面观感、重量等物理指标进行抽检。

3.2.2 对承重杆件的外观抽检数量不得低于搭设用量的30%，发现质量不符合标准、情况严重的，要进行100%的检验，并随机抽取外观检验不合格的材料（由监理见证取样）送法定专业检测机构进行检测。

3.2.3 采用钢管扣件搭设高大模板支撑系统时，还应对扣件螺栓的紧固力矩进行抽查，抽查数量应符合《建筑施工扣件式钢管脚手架安全技术规范》JGJ 130的规定，对梁底扣件应进行100%检查。

3.3 高大模板支撑系统应在搭设完成后，由项目负责人组织验收，验收人员应包括施工单位和项目两级技术人员、项目安全、质量、施工人员，监理单位的总监和专业监理工程师。验收合格，经施工单位项目技术负责人及项目总监理工程师签字后，方可进入后续工序的施工。

4 施 工 管 理

4.1 一般规定

4.1.1 高大模板支撑系统应优先选用技术成熟的定型化、工具式支撑体系。

4.1.2 搭设高大模板支撑架体的作业人员必须经过培训，取得建筑施工脚手架特种作业操作资格证书后方可上岗。其他相关施工人员应掌握相应的专业知识和技能。

4.1.3 高大模板支撑系统搭设前，项目工程技术负责人或方案编制人员应当根据专项施工方案和有关规范、标准的要求，对现场管理人员、操作班组、作业人员进行安全技术交底，并履行签字手续。

安全技术交底的内容应包括模板支撑工程工艺、工序、作业要点和搭设安全技术要求等内容，并保留记录。

4.1.4 作业人员应严格按规范、专项施工方案和安全技术交底书的要求进行操作，并正确配戴相应的劳动防护用品。

4.2 搭设管理

4.2.1 高大模板支撑系统的地基承载力、沉降等应能满足方案设计要求。如遇松软土、回填土，应根据设计要求进行平整、夯实，并采取防水、排水措施，按规定在模板支撑立柱底部采用具有足够强度和刚度的垫板。

4.2.2 对于高大模板支撑体系，其高度与宽度相比大于两倍的独立支撑系统，应加设保证整体稳定的构造措施。

4.2.3 高大模板工程搭设的构造要求应当符合相关技术规范要求，支撑系统立柱接长严禁搭接；应设置扫地杆、纵横向支撑及水平垂直剪刀撑，并与主体结构的墙、柱牢固拉接。

4.2.4 搭设高度2m以上的支撑架体应设置作业人员登高措施。作业面应按有关规定设置安全防护设施。

4.2.5 模板支撑系统应为独立的系统，禁止与物料提升机、施工升降机、塔吊等起重设备钢结构架体机身及其附着设施相连接；禁止与施工脚手架、物料周转料平台等架体相连接。

4.3 使用与检查

4.3.1 模板、钢筋及其他材料等施工荷载应均匀堆置，放平放稳。施工总荷载不得超过模板支撑系统设计荷载要求。

4.3.2 模板支撑系统在使用过程中，立柱底部不得松动悬空，不得任意拆除任何杆件，不得松动扣件，也不得用作缆风绳的拉接。

4.3.3 施工过程中检查项目应符合下列要求：

（一）立柱底部基础应回填夯实；

（二）垫木应满足设计要求；

（三）底座位置应正确，顶托螺杆伸出长度应符合规定；

（四）立柱的规格尺寸和垂直度应符合要求，不得出现偏心荷载；

（五）扫地杆、水平拉杆、剪刀撑等设置应符合规定，固定可靠；

（六）安全网和各种安全防护设施符合要求。

4.4 混凝土浇筑

4.4.1 混凝土浇筑前，施工单位项目技术负责人、项目总监确认具备混凝土浇筑的安全生产条件后，签署混凝土浇筑令，方可浇筑混凝土。

4.4.2 框架结构中，柱和梁板的混凝土浇筑顺序，应按先浇筑柱混凝土，后浇筑梁板混凝土的顺序进行。浇筑过程应符合专项施工方案要求，并确保支撑系统受力均匀，避免引起高大模板支撑系统的失稳倾斜。

4.4.3 浇筑过程应有专人对高大模板支撑系统进行观测，发现有松动、变形等情况，必须立即停止浇筑，撤离作业人员，并采取相应的加固措施。

4.5 拆除管理

4.5.1 高大模板支撑系统拆除前，项目技术负责人、项目总监应核查混凝土同条件试块强度报告，浇筑混凝土达到拆模强度后方可拆除，并履行拆模审批签字手续。

4.5.2 高大模板支撑系统的拆除作业必须自上而下逐层进行，严禁上下层同时拆除作业，分段拆除的高度不应大于两层。设有附墙连接的模板支撑系统，附墙连接必须随支撑架体逐层拆除，严禁先将附墙连接全部或数层拆除后再拆支撑架体。

4.5.3 高大模板支撑系统拆除时，严禁将拆卸的杆件向地面抛掷，应有专人传递至地面，并按规格分类均匀堆放。

4.5.4 高大模板支撑系统搭设和拆除过程中，地面应设置围栏和警戒标志，并派专人看守，严禁非操作人员进入作业范围。

5 监 督 管 理

5.1 施工单位应严格按照专项施工方案组织施工。高大模板支撑系统搭设、拆除及混凝土浇筑过程中，应有专业技术人员进行现场指导，设专人负责安全检查，发现险情，立即停止施工并采取应急措施，排除险情后，方可继续施工。

5.2 监理单位对高大模板支撑系统的搭设、拆除及混凝土浇筑实施巡视检查，发现安全隐患应责令整改，对施工单位拒不整改或拒不停止施工的，应当及时向建设单位报告。

5.3 建设主管部门及监督机构应将高大模板支撑系统作为建设工程安全监督重点，加强对方案审核论证、验收、检查、监控程序的监督。

6 附 则

6.1 建设工程高大模板支撑系统施工安全监督管理，除执行本导则的规定外，还应符合国家现行有关法律法规和标准规范的规定。

附录　危险性较大的分部分项工程安全管理规定（住建部令第 37 号）

危险性较大的分部分项工程安全管理规定
(住建部令第37号)

中华人民共和国住房和城乡建设部令第37号

《危险性较大的分部分项工程安全管理规定》于2018年3月8日发布，自2018年6月1日起施行。

住建部部长　王蒙徽

2018年6月1日

第一章　总　　则

第一条　为加强对房屋建筑和市政基础设施工程中危险性较大的分部分项工程安全管理，有效防范生产安全事故，依据《中华人民共和国建筑法》《中华人民共和国安全生产法》《建设工程安全生产管理条例》等法律法规，制定本规定。

第二条　本规定适用于房屋建筑和市政基础设施工程中危险性较大的分部分项工程安全管理。

第三条　本规定所称危险性较大的分部分项工程（以下简称“危大工程”），是指房屋建筑和市政基础设施工程在施工过程中，容易导致人员群死群伤或者造成重大经济损失的分部分项工程。

危大工程及超过一定规模的危大工程范围由国务院住房城乡建设主管部门制定。省级住房城乡建设主管部门可以结合本地区实际情况，补充本地区危大工程范围。

第四条　国务院住房城乡建设主管部门负责全国危大工程安全管理的指导监督。

县级以上地方人民政府住房城乡建设主管部门负责本行政区域内危大工程的安全监督管理。

第二章　前　期　保　障

第五条　建设单位应当依法提供真实、准确、完整的工程地质、水文地质和工程周边环境等资料。

第六条　勘察单位应当根据工程实际及工程周边环境资料，在勘察文件中说明地质条件可能造成的工程风险。

设计单位应当在设计文件中注明涉及危大工程的重点部位和环节，提出保障工程周边环境安全和工程施工安全的意见，必要时进行专项设计。

第七条　建设单位应当组织勘察、设计等单位在施工招标文件中列出危大工程清单，要求施工单位在投标时补充完善危大工程清单并明确相应的安全管理措施。

第八条　建设单位应当按照施工合同约定及时支付危大工程施工技术措施费以及相应的安全防护文明施工措施费，保障危大工程施工安全。

第九条　建设单位在申请办理安全监督手续时，应当提交危大工程清单及其安全管理措施等资料。

第三章　专项施工方案

第十条　施工单位应当在危大工程施工前组织工程技术人员编制专项施工方案。

实行施工总承包的，专项施工方案应当由施工总承包单位组织编制。危大工程实行分包的，专项施工方案可以由相关专业分包单位组织编制。

第十一条　专项施工方案应当由施工单位技术负责人审核签字、加盖单位公章，并由总监理工程师审查签字、加盖执业印章后方可实施。

危大工程实行分包并由分包单位编制专项施工方案的，专项施工方案应当由总承包单位技术负责人及分包单位技术负责人共同审核签字并加盖单位公章。

第十二条　对于超过一定规模的危大工程，施工单位应当组织召开专家论证会对专项施工方案进行论证。实行施工总承包的，由施工总承包单位组织召开专家论证会。专家论证前专项施工方案应当通过施工单位审核和总监理工程师审查。

专家应当从地方人民政府住房城乡建设主管部门建立的专家库中选取，符合专业要求且人数不得少于 5 名。与本工程有利害关系的人员不得以专家身份参加专家论证会。

第十三条　专家论证会后，应当形成论证报告，对专项施工方案提出通过、修改后通过或者不通过的一致意见。专家对论证报告负责并签字确认。

专项施工方案经论证需修改后通过的，施工单位应当根据论证报告修改完善后，重新履行本规定第十一条的程序。

专项施工方案经论证不通过的，施工单位修改后应当按照本规定的要求重新组织专家论证。

第四章　现场安全管理

第十四条　施工单位应当在施工现场显著位置公告危大工程名称、施工时间和具体责任人员，并在危险区域设置安全警示标志。

第十五条　专项施工方案实施前，编制人员或者项目技术负责人应当向施工现场管理人员进行方案交底。施工现场管理人员应当向作业人员进行安全技术交底，并由双方和项目专职安全生产管理人员共同签字确认。

第十六条　施工单位应当严格按照专项施工方案组织施工，不得擅自修改专项施工方案。因规划调整、设计变更等原因确需调整的，修改后的专项施工方案应当按照本规定重新审核和论证。涉及资金或者工期调整的，建设单位应当按照约定予以调整。

第十七条　施工单位应当对危大工程施工作业人员进行登记，项目负责人应当在施工现场履职。

项目专职安全生产管理人员应当对专项施工方案实施情况进行现场监督，对未按照专项施工方案施工的，应当要求立即整改，并及时报告项目负责人，项目负责人应当及时组织限期整改。

施工单位应当按照规定对危大工程进行施工监测和安全巡视，发现危及人身安全的紧急情况，应当立即组织作业人员撤离危险区域。

第十八条 监理单位应当结合危大工程专项施工方案编制监理实施细则，并对危大工程施工实施专项巡视检查。

第十九条 监理单位发现施工单位未按照专项施工方案施工的，应当要求其进行整改；情节严重的，应当要求其暂停施工，并及时报告建设单位。施工单位拒不整改或者不停止施工的，监理单位应当及时报告建设单位和工程所在地住房城乡建设主管部门。

第二十条 对于按照规定需要进行第三方监测的危大工程，建设单位应当委托具有相应勘察资质的单位进行监测。

监测单位应当编制监测方案。监测方案由监测单位技术负责人审核签字并加盖单位公章，报送监理单位后方可实施。

监测单位应当按照监测方案开展监测，及时向建设单位报送监测成果，并对监测成果负责；发现异常时，及时向建设、设计、施工、监理单位报告，建设单位应当立即组织相关单位采取处置措施。

第二十一条 对于按照规定需要验收的危大工程，施工单位、监理单位应当组织相关人员进行验收。验收合格的，经施工单位项目技术负责人及总监理工程师签字确认后，方可进入下一道工序。

危大工程验收合格后，施工单位应当在施工现场明显位置设置验收标识牌，公示验收时间及责任人员。

第二十二条 危大工程发生险情或者事故时，施工单位应当立即采取应急处置措施，并报告工程所在地住房城乡建设主管部门。建设、勘察、设计、监理等单位应当配合施工单位开展应急抢险工作。

第二十三条 危大工程应急抢险结束后，建设单位应当组织勘察、设计、施工、监理等单位制定工程恢复方案，并对应急抢险工作进行后评估。

第二十四条 施工、监理单位应当建立危大工程安全管理档案。

施工单位应当将专项施工方案及审核、专家论证、交底、现场检查、验收及整改等相关资料纳入档案管理。

监理单位应当将监理实施细则、专项施工方案审查、专项巡视检查、验收及整改等相关资料纳入档案管理。

第五章 监 督 管 理

第二十五条 设区的市级以上地方人民政府住房城乡建设主管部门应当建立专家库，制定专家库管理制度，建立专家诚信档案，并向社会公布，接受社会监督。

第二十六条 县级以上地方人民政府住房城乡建设主管部门或者所属施工安全监督机构，应当根据监督工作计划对危大工程进行抽查。

县级以上地方人民政府住房城乡建设主管部门或者所属施工安全监督机构，可以通过政府购买技术服务方式，聘请具有专业技术能力的单位和人员对危大工程进行检查，所需费用向本级财政申请予以保障。

第二十七条 县级以上地方人民政府住房城乡建设主管部门或者所属施工安全监督机构，在监督抽查中发现危大工程存在安全隐患的，应当责令施工单位整改；重大安全事故隐患排除前或者排除过程中无法保证安全的，责令从危险区域内撤出作业人员或者暂时停止施工；对依法应当给予行政处罚的行为，应当依法作出行政处罚决定。

第二十八条　县级以上地方人民政府住房城乡建设主管部门应当将单位和个人的处罚信息纳入建筑施工安全生产不良信用记录。

第六章　法　律　责　任

第二十九条　建设单位有下列行为之一的，责令限期改正，并处1万元以上3万元以下的罚款；对直接负责的主管人员和其他直接责任人员处1000元以上5000元以下的罚款：

（一）未按照本规定提供工程周边环境等资料的；

（二）未按照本规定在招标文件中列出危大工程清单的；

（三）未按照施工合同约定及时支付危大工程施工技术措施费或者相应的安全防护文明施工措施费的；

（四）未按照本规定委托具有相应勘察资质的单位进行第三方监测的；

（五）未对第三方监测单位报告的异常情况组织采取处置措施的。

第三十条　勘察单位未在勘察文件中说明地质条件可能造成的工程风险的，责令限期改正，依照《建设工程安全生产管理条例》对单位进行处罚；对直接负责的主管人员和其他直接责任人员处1000元以上5000元以下的罚款。

第三十一条　设计单位未在设计文件中注明涉及危大工程的重点部位和环节，未提出保障工程周边环境安全和工程施工安全的意见的，责令限期改正，并处1万元以上3万元以下的罚款；对直接负责的主管人员和其他直接责任人员处1000元以上5000元以下的罚款。

第三十二条　施工单位未按照本规定编制并审核危大工程专项施工方案的，依照《建设工程安全生产管理条例》对单位进行处罚，并暂扣安全生产许可证30日；对直接负责的主管人员和其他直接责任人员处1000元以上5000元以下的罚款。

第三十三条　施工单位有下列行为之一的，依照《中华人民共和国安全生产法》《建设工程安全生产管理条例》对单位和相关责任人员进行处罚：

（一）未向施工现场管理人员和作业人员进行方案交底和安全技术交底的；

（二）未在施工现场显著位置公告危大工程，并在危险区域设置安全警示标志的；

（三）项目专职安全生产管理人员未对专项施工方案实施情况进行现场监督的。

第三十四条　施工单位有下列行为之一的，责令限期改正，处1万元以上3万元以下的罚款，并暂扣安全生产许可证30日；对直接负责的主管人员和其他直接责任人员处1000元以上5000元以下的罚款：

（一）未对超过一定规模的危大工程专项施工方案进行专家论证的；

（二）未根据专家论证报告对超过一定规模的危大工程专项施工方案进行修改，或者未按照本规定重新组织专家论证的；

（三）未严格按照专项施工方案组织施工，或者擅自修改专项施工方案的。

第三十五条　施工单位有下列行为之一的，责令限期改正，并处1万元以上3万元以下的罚款；对直接负责的主管人员和其他直接责任人员处1000元以上5000元以下的罚款：

（一）项目负责人未按照本规定现场履职或者组织限期整改的；

（二）施工单位未按照本规定进行施工监测和安全巡视的；

（三）未按照本规定组织危大工程验收的；

（四）发生险情或者事故时，未采取应急处置措施的；

（五）未按照本规定建立危大工程安全管理档案的。

第三十六条 监理单位有下列行为之一的，依照《中华人民共和国安全生产法》《建设工程安全生产管理条例》对单位进行处罚；对直接负责的主管人员和其他直接责任人员处1000元以上5000元以下的罚款：

（一）总监理工程师未按照本规定审查危大工程专项施工方案的；

（二）发现施工单位未按照专项施工方案实施，未要求其整改或者停工的；

（三）施工单位拒不整改或者不停止施工时，未向建设单位和工程所在地住房城乡建设主管部门报告的。

第三十七条 监理单位有下列行为之一的，责令限期改正，并处1万元以上3万元以下的罚款；对直接负责的主管人员和其他直接责任人员处1000元以上5000元以下的罚款：

（一）未按照本规定编制监理实施细则的；

（二）未对危大工程施工实施专项巡视检查的；

（三）未按照本规定参与组织危大工程验收的；

（四）未按照本规定建立危大工程安全管理档案的。

第三十八条 监测单位有下列行为之一的，责令限期改正，并处1万元以上3万元以下的罚款；对直接负责的主管人员和其他直接责任人员处1000元以上5000元以下的罚款：

（一）未取得相应勘察资质从事第三方监测的；

（二）未按照本规定编制监测方案的；

（三）未按照监测方案开展监测的；

（四）发现异常未及时报告的。

第三十九条 县级以上地方人民政府住房城乡建设主管部门或者所属施工安全监督机构的工作人员，未依法履行危大工程安全监督管理职责的，依照有关规定给予处分。

第七章 附　则

第四十条 本规定自2018年6月1日起施行。

参 考 文 献

[1] 中华人民共和国住房和城乡建设部安全监管司．建设工程安全生产法律法规(第二版)[M]. 北京：中国建筑工业出版社，2008.

[2] 中华人民共和国住房和城乡建设部安全监管司．建设工程安全生产管理(第二版)[M]. 北京：中国建筑工业出版社，2008.

[3] 冯小川．施工企业专职安全员安全生产考核培训教材(修订版)[M]. 北京：中国建材工业出版社，2017.

[4] 中华人民共和国住房和城乡建设部．GB 55023—2022 施工脚手架通用规范[S]. 北京：中国建筑工业出版社，2022.

[5] 中华人民共和国住房和城乡建设部．JGJ 130—2011 建筑施工扣件式钢管脚手架安全技术规范[S]. 北京：中国建筑工业出版社，2011.

[6] 中国安全产业协会．T/CSIA 008—2021 建筑施工扣件式钢管脚手架 安全检查与验收标准[S]. 北京：中国建筑工业出版社，2021.

[7] 中华人民共和国住房和城乡建设部．JGJ 59—2011 建筑施工安全检查标准[S]. 北京：中国建筑工业出版社，2011.

[8] 中华人民共和国国家质量监督检验检疫总局，中国国家标准化管理委员会．GB/T 14405—2011 通用桥式起重机[S]. 北京：中国标准出版社，2011.

[9] 中华人民共和国国家质量监督检验检疫总局，中国国家标准化管理委员会．GB/T 14406—2011 通用门式起重机[S]. 北京：中国标准出版社，2011.

[10] 中华人民共和国国家质量监督检验检疫总局．GB 51210—2016 建筑施工脚手架安全技术统一标准[S]. 北京：中国计划出版社，2016.

[11] 中华人民共和国国家质量监督检验检疫总局．GB 6067—2010 起重机械安全规程[S]. 中国计划出版社，2010.

[12] 中华人民共和国国家质量监督检验检疫总局，中国国家标准化管理委员会．GB/T 31052.3—2016 起重机械检查与维护规程 第 3 部分：塔式起重机[S]. 北京：中国计划出版社，2016.

[13] 中华人民共和国住房和城乡建设部，中华人民共和国国家质量监督检验检疫总局．GB 50720—2011 建设工程施工现场消防安全技术规范[S]. 北京：中国建筑工业出版社，2011.

[14] 中华人民共和国住房和城乡建设部．JGJ 184—2009 建筑施工作业劳动防护用品配备及使用标准[S]. 北京：中国建筑工业出版社，2009.

[15] 中华人民共和国住房和城乡建设部．JGJ 166—2016 建筑施工碗扣式钢管脚手架安全技术规范[S]. 北京：中国建筑工业出版社，2016.

[16] 中华人民共和国住房和城乡建设部．JGJ 231—2021 建筑施工承插型盘扣式钢管脚手架安全技术标准[S]. 北京：中国建筑工业出版社，2021.

[17] 中华人民共和国住房和城乡建设部．JGJ 196—2010 建筑施工塔式起重机安装、使用、拆卸安全技术规程[S]. 北京：中国建筑工业出版社，2010.

[18] 中华人民共和国国家质量监督检验检疫总局，中国国家标准化管理委员会．GB/T 34023—2017 施工升降机安全使用规程[S]. 北京：中国计划出版社，2017.

［19］ 中华人民共和国住房和城乡建设部．JGJ 33—2012 建筑机械使用安全技术规程[S]. 北京：中国建筑工业出版社，2012.
［20］ 中华人民共和国住房和城乡建设部．JGJ 160—2016 施工现场机械设备检查技术规范[S]. 北京：中国建筑工业出版社，2016.
［21］ 中华人民共和国住房和城乡建设部．JGJ 276—2012 建筑施工起重吊装工程安全技术规范[S]. 北京：中国建筑工业出版社，2012.
［22］ 中华人民共和国住房和城乡建设部．JGJ 202—2010 建筑施工工具式脚手架安全技术规范[S]. 北京：中国建筑工业出版社，2010.
［23］ 中华人民共和国住房和城乡建设部．JGJ 305—2013 建筑施工升降设备设施检验标准[S]. 北京：中国建筑工业出版社，2013.
［24］ 中华人民共和国住房和城乡建设部．JGJ/T 128—2019 建筑施工门式钢管脚手架安全技术标准[S]. 北京：中国建筑工业出版社，2019.
［25］ 中华人民共和国住房和城乡建设部．JGJ 215—2010 建筑施工升降机安装、使用、拆卸安全技术规程[S]. 北京：中国建筑工业出版社，2010.
［26］ 中华人民共和国住房和城乡建设部．JGJ 180—2009 建筑施工土石方工程安全技术规范[S]. 北京：中国建筑工业出版社，2009.
［27］ 中华人民共和国住房和城乡建设部．JGJ/T 195—2018 液压爬升模板工程技术标准[S]. 北京：中国建筑工业出版社，2018.
［28］ 中华人民共和国住房和城乡建设部．JGJ/T 429—2018 建筑施工易发事故防治安全标准[S]. 北京：中国建筑工业出版社，2018.
［29］ 中华人民共和国住房和城乡建设部，中华人民共和国国家质量监督检验检疫总局．GB 50194—2014 建设工程施工现场供用电安全规范[S]. 北京：中国计划出版社，2014.
［30］ 中华人民共和国住房和城乡建设部．JGJ/T 183—2019 液压升降整体脚手架安全技术标准[S]. 北京：中国建筑工业出版社，2019.
［31］ 中华人民共和国住房和城乡建设部．JGJ 147—2016 建筑拆除工程安全技术规范[S]. 北京：中国建筑工业出版社，2016.
［32］ 国家市场监督管理总局，中国国家标准化管理委员会．GB/T 5031—2019 塔式起重机[S]. 北京：中国建筑工业出版社，2019.
［33］ 国家市场监督管理总局，国家标准化管理委员会．GB/T 29639—2020 生产经营单位生产安全事故应急预案编制导则[S]. 北京：中国标准出版社，2020.
［34］ 国家市场监督管理总局，国家标准化管理委员会．GB/T 26557—2021 吊笼有垂直导向的人货两用施工升降机[S]. 北京：中国计划出版社，2021.